T0194124

essentials

essentials liefern aktuelles Wissen in konzentrierter Form. Die Essenz dessen, worauf es als „State-of-the-Art" in der gegenwärtigen Fachdiskussion oder in der Praxis ankommt. *essentials* informieren schnell, unkompliziert und verständlich

- als Einführung in ein aktuelles Thema aus Ihrem Fachgebiet
- als Einstieg in ein für Sie noch unbekanntes Themenfeld
- als Einblick, um zum Thema mitreden zu können

Die Bücher in elektronischer und gedruckter Form bringen das Expertenwissen von Springer-Fachautoren kompakt zur Darstellung. Sie sind besonders für die Nutzung als eBook auf Tablet-PCs, eBook-Readern und Smartphones geeignet. *essentials:* Wissensbausteine aus den Wirtschafts-, Sozial- und Geisteswissenschaften, aus Technik und Naturwissenschaften sowie aus Medizin, Psychologie und Gesundheitsberufen. Von renommierten Autoren aller Springer-Verlagsmarken.

Weitere Bände in der Reihe http://www.springer.com/series/13088

Arnim J. Spengler · Jacqueline Peter

Die Methode Building Information Modeling

Schnelleinstieg für Architekten und Bauingenieure

Mit einem Geleitwort von Annette von Hagel

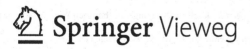

Arnim J. Spengler
BuildersMind GmbH
Düsseldorf, Nordrhein-Westfalen
Deutschland

Jacqueline Peter
Institut für Digitalisierung im Bauwesen
Universität Duisburg-Essen
Essen, Deutschland

ISSN 2197-6708   ISSN 2197-6716   (electronic)
essentials
ISBN 978-3-658-30234-4   ISBN 978-3-658-30235-1   (eBook)
https://doi.org/10.1007/978-3-658-30235-1

Die Deutsche Nationalbibliothek verzeichnet diese Publikation in der Deutschen Nationalbibliografie; detaillierte bibliografische Daten sind im Internet über http://dnb.d-nb.de abrufbar.

Planung/Lektorat: Karina Danulat
Springer Vieweg ist ein Imprint der eingetragenen Gesellschaft Springer Fachmedien Wiesbaden GmbH und ist ein Teil von Springer Nature.
Die Anschrift der Gesellschaft ist: Abraham-Lincoln-Str. 46, 65189 Wiesbaden, Germany

Was Sie in diesem *essential* finden können

- Eine Einführung in das Konzept Building Information Modeling.
- Die wichtigsten BIM-Begriffe.
- Eine Übersicht der derzeitigen Normen und Richtlinien.
- BIM und Datenschutz.
- BIM aus Sicht der unterschiedlichen Beteiligten und deren Beziehungen untereinander.
- Einen ersten Überblick, wie BIM im eigenen Unternehmen etabliert werden kann.
- Stärken, Schwächen, Chancen und Risiken von BIM.
- Einen Ausblick auf weiterführende Technologien. Was kommt nach BIM?

Geleitwort

Sehr geehrte Lesende,
die Anforderungen an die Bau- und Immobilienwirtschaft wurden und werden stetig komplexer. Entscheidungen, die wir vor Jahren getroffen hatten, gestalten sich heute bei Umbau- und Sanierungsmaßnahmen als technische und wirtschaftliche Herausforderung. Wir planten und bauten Gebäude, die sich bei Rückbau oder Sanierung nun als erhebliche Kostenfalle entpuppen. Verbaute Materialien können nicht mehr sorglos auf Deponien entsorgt werden, sie müssen getrennt und recycelt werden und dies, obwohl wir nicht wissen, was wo und in welcher Art und Weise verbaut wurde. Die EU hat sich zum Ziel gesetzt, dass es künftig keine Abfälle mehr gibt. Baustoffe sind wertvolle Ressourcen und müssen im Kreislauf bleiben. Auf diese und weitere Herausforderungen müssten wir bereits heute Antworten finden, obwohl kommende Fragen und Anforderungen an das Bauwerk zwangsläufig noch nicht formuliert wurden.

Dieses sind nur einige der Herausforderungen, denen wir uns in den kommenden Jahren stellen müssen. Ohne die BIM-Methodik können wir diese komplexen Aufgaben nicht erfüllen. BIM einzusetzen stellt uns jedoch vor eigene Herausforderungen. Gerade für „Neulinge", egal ob Berufseinsteiger, Studierende oder Praktiker, ist der „BIM-Wald" nicht überschaubar. Möchte man sich mit den Grundlagen beschäftigen, findet man viele fragmentierte Informationen, die zum Teil ein hohes BIM-Verständnis voraussetzen oder sogar widersprüchlich sind.

Dieses Buch behandelt diese Grundlagen, es hilft und es zeigt den aktuellen Stand. Es gibt Ihnen das Rüstzeug, um sich den (digitalen) Herausforderungen zu stellen! Die re!source Stiftung e. V. nutzt und unterstützt BIM für nachhaltige Lösungen im Baulebenszyklus. Machen Sie mit diesem Buch den Anfang und finden Sie heraus, wofür Sie, in naher Zukunft, die BIM-Methodik einsetzen möchten.

Annette von Hagel
Vorständin re!source Stiftung e. V.

Inhaltsverzeichnis

Über die Autoren

Jacqueline Peter, M.Sc., lehrt und forscht am Institut für Digitalisierung im Bauwesen an der Universität Duisburg-Essen und ist stellvertretendes Koordinierungsmitglied im BIM-Cluster NRW. jacqueline.peter@uni-due.de; https://uni-due.de/digibau

Arnim J. Spengler, M.Sc., forscht an der Universität Duisburg-Essen im Bereich Robotik und digitales Bauen, ist Teil der Projektgruppe „BIM-Competence-Center" des MHKBG NRW, Mitgründer des BIM-Clusters NRW und des Construction-Tech Startups BuildersMind GmbH. postfach@arnim-spengler.de; arnim.spengler@buildersmind.de; https://buildersmind.de

Einleitung: Was bedeutet BIM?

1

Building Information Modeling (BIM) hat in den letzten Jahren an Bedeutung gewonnen. Dies zeigt sich u. a. angesichts der zunehmenden Nennung in Ausschreibungen und des steigenden Interesses bei Architekten, Planern, ausführenden Unternehmen und Bauherren.

Bei der genaueren Betrachtung fällt auf, dass – bedingt durch unterschiedliche Hoffnungen und Wahrnehmungen – verschiedene Interpretationen und Anforderungen zum BIM bestehen. Ein ständiges Hinzukommen neuer Informationen, Richtlinien, Normen und Veröffentlichungen führen zudem zu Verunsicherung. Um eine erste Übersicht zu geben, sind im folgenden Abschnitt die wichtigsten Definitionen aufgeführt.

1.1 Definitionen

▶ **BIM Stufenplan, 2015** „Building Information Modeling bezeichnet eine kooperative Arbeitsmethodik, mit der auf der Grundlage digitaler Modelle eines Bauwerks die für seinen Lebenszyklus relevanten Informationen und Daten konsistent erfasst, verwaltet und in einer transparenten Kommunikation zwischen den Beteiligten ausgetauscht oder für die weitere Bearbeitung übergeben werden." (Bundesministerium für Verkehr und digitale Infrastruktur 2015, S. 4)

▶ **DIN EN ISO 19650, 2018/2019** Building information modeling means the „use of a shared digital representation of a built *asset* to facilitate design, construction and operation processes to form a reliable basis for decisions." (DIN Deutsches Institut für Normung e. V. 2018, S. 5) Deutsche Übersetzung:

© Springer Fachmedien Wiesbaden GmbH, ein Teil von Springer Nature 2020
A. J. Spengler und J. Peter, *Die Methode Building Information Modeling,*
essentials, https://doi.org/10.1007/978-3-658-30235-1_1

„Nutzung einer untereinander zur Verfügung gestellten digitalen Repräsentation eines Assets [...] zur Unterstützung von Planungs-, Bau- und Betriebsprozessen als zuverlässige Entscheidungsgrundlage." (DIN EN ISO 19650-1: 2019 Deutsche Fassung August 2019)

▶ **DIN SPEC 91400, 2017** Building Information Modeling (BIM) (dt. Bauwerksinformationsmodellierung) ist eine „Arbeitsweise, bei der das räumliche Bauteilgefüge in einem digitalen Bauwerksinformationsmodell erfasst wird, wobei die Räume und Bauteile der baulichen und technischen Anlagen durch ihre charakteristischen Eigenschaften und durch ihre Beziehungen untereinander beschrieben werden". (DIN SPEC 91400, S. 6)

▶ **EU BIM Taskgroup, 2018** Die BIM-Methode „liefert digitale Unterstützung für den Prozess der Errichtung und des Betriebs von Bauwerken. Sie bringt Technologie, Prozessverbesserungen und digitale Informationen zusammen, um Kunden- und Projektergebnisse sowie den Betrieb von Bauwerken drastisch zu verbessern. BIM ist ein strategischer Faktor für die Verbesserung der Entscheidungsfindung bei Bauwerken und öffentlichen Infrastruktureinrichtungen während des ganzen Lebenszyklus." (EU BIM Taskgroup 2018, S. 4)

Hierbei ist ausschließlich die Definition der DIN EN ISO 19650 in der engl. Fassung weltweit gültig und international genormt. In Deutschland wird oft die Definition des BIM Stufenplans des Bundesministeriums für Verkehr und digitale Infrastruktur (BMVI) herangezogen.

Bei der Vielzahl an Definitionen stellt sich die Frage, was genau BIM eigentlich ist und beinhaltet. Im Bauwesen existieren viele Fachgebiete, die alle unabhängig voneinander agieren, zum Teil verschiedene Sprachregelungen (Wording) nutzen und andere Sichtweisen haben. Dies schlägt sich auf die verschiedenen BIM Definitionen nieder.

Der Informationsaustausch findet bei den am Bauprojekt beteiligten derzeit meist auf dem Papier oder CAD in zweidimensionaler (2D), idealerweise dreidimensionaler (3D), Darstellung statt. Dabei können Projektfehler leicht übersehen werden, Synergien werden nicht genutzt und jeder Beteiligte arbeitet für sich. So kann es vorkommen, dass jeder Fachplaner seine eigenen Planungsunterlagen erstellt, die häufig nicht mit denen der anderen Fachplaner vollständig abgestimmt wurden oder auf nicht mehr gültigen Annahmen beruhen. Zudem werden dieselben Daten mehrmals an verschiedenen Stellen eingegeben. Die unterschiedlichen, individuellen Planungsleistungen der Fachplaner werden meistens ab dem Beginn der Bauphase zusammengeführt. Fehler werden somit erst bei der Ausführung erkannt.

BIM kann u. a. eine Lösung dieser Probleme darstellen. Bei der BIM-Arbeitsmethode wird *kooperativ* mit allen Projektbeteiligten an einem oder mehreren digitalen BIM-Bauwerksmodellen, idealerweise in einer *gemeinsamen* Datenumgebung, gearbeitet. Damit existiert im Bauwesen zum ersten Mal eine gemeinsame, fachübergreifende Möglichkeit, Informationen konsequent digital aufzubereiten, zu speichern, zur Verfügung zu stellen und als Kooperationsinstrument zu verwenden. Hierbei sollten die Informationen möglichst an einem zentralen (digitalen) Ort für jeden bereitgestellt werden und verfügbar sein. Eine Lösung hierfür stellt das Common Data Environment (CDE) dar. Dies ist eine normierte, gemeinsame, digitale Datenumgebung.

Durch den offenen Austausch von Informationen in einem einzigen digitalen Gebäudemodell oder mehreren, aufeinander verweisenden Teilmodellen, ist allen Beteiligten der Zugriff auf die benötigten Daten möglich. Die Informationen werden über ein offenes oder geschlossenes (proprietäres) digitales Format (siehe Abschn. 3.2) ausgetauscht, was die eingesetzte Software ermöglichen muss.

Aus der BIM-Datenbank können unter anderen Visualisierungen, Fachpläne, Grundrisse, Schnitte, Ansichten, Bauteildatenlisten, 3D/2D-Ansichten und weiteres entnommen werden (Abb. 1.1). Dabei ist eine konsequente Weiterverwendung der im Bauprozess erzeugten Informationen in der Bewirtschaftung von Bauwerken, im Computer-Aided Facility Management (CAFM) anzustreben. Die nach der BIM-Methodik aufbereiteten Daten können zudem als Grundlage dienen, um weitere noch nichtexistierende digitale Dienste auf ihnen aufzusetzen. Beispiele sind die Weiterverarbeitung und Datenanreicherung mittels Methoden der künstlichen Intelligenz (KI) oder eine Weiterverwendung durch Roboter.

Auch wenn ein anderer Eindruck entstehen kann, ist anzumerken, dass BIM keine Software, sondern eine Methodik darstellt. Zur Anwendung dieser BIM-Methodik wird allerdings BIM-konforme und standardisierte Software benötigt. Die Daten müssen normgerecht und BIM-konform erzeugt, gespeichert, weiterverarbeitet und ausgetauscht werden. Die Einführung der BIM-Methode schafft Lösungen, die mit einer Vielzahl von Veränderungen in der eigenen Organisation und in der Zusammenarbeit mit externen Organisationen einhergehen.

Als weitere tiefgreifende Veränderung kann der „Schritt hin zur kooperativen, partnerschaftlichen Zusammenarbeit aller am Planungs- und Bauprozess Beteiligten" betrachtet werden. Dies ist ein „Kulturwandel" und „verlangt neue Rollen und Funktionen, um die reibungslose Kooperation zu organisieren" (Bundesministerium für Verkehr und digitale Infrastruktur 2015, S. 4). Für Unternehmen und Organisationen im Bauwesen sowie deren Mitarbeiter kann dieser Schritt durchaus als Gefahr wahrgenommen werden.

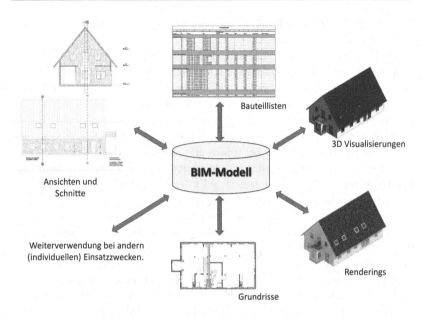

Abb. 1.1   Das BIM-Modell

1.2   Fazit

Zusammenfassend lässt sich feststellen, dass keine einheitliche BIM-Definition existiert und verschiedene Sichtweisen vorhanden sind. Dies ist unter anderem der starken Heterogenität der Bauwirtschaft geschuldet. Zudem ist die Entwicklung der BIM-Methodik und der dazugehörigen Normen und Richtlinien von neuen Gedankenmodellen, Schnelligkeit und Komplexität geprägt. Neue Standards erscheinen in schneller Folge und sind teils widersprüchlich, was zu Unsicherheit führt. Ebenfalls existiert nicht das eine BIM-Tool. BIM ist eine Methode und es gibt eine Vielzahl von Software und Tools, die für die eigenen Bedürfnisse zusammengestellt werden müssen. Der Datenaustausch zwischen diesen Tools muss (Norm und BIM-konform) sichergestellt werden. Nur so ist es möglich, die einmal erzeugten Daten in allen Prozessschritten weiterzuverwenden. Leider scheitern große Bausoftwarehersteller an diesen Anspruch. Trotz dieser Hürden wird die Methodik zunehmend in Projekten eingesetzt. Der Einsatz von BIM hat nicht nur Vorteile, sondern ist mit Herausforderungen und Schwierigkeiten verbunden (siehe Kap. 7).

Begrifflichkeiten 2

Angesichts der Komplexität der BIM-Methode wurden zahlreiche neue Begriffe definiert, die in der Praxis Anwendung finden. Diese werden leider nicht einheitlich verwendet, obwohl sie das Gleiche beschreiben. Im Folgenden wird ein Überblick über die wichtigsten Begriffe und synonymen Begriffe gegeben und diese kurz erläutert.

2.1 Austausch-Informationsanforderungen (AIA)

Unter Austauschinformationsanforderungen (AIA) wird im Allgemeinen der Informationsbedarf des Auftraggebers (AG) und die Verschriftlichung der AIAs verstanden. Darüber hinaus können sie, von jeden, am Bauprojekt beteiligten Akteur der Anforderungen an einen Informationsaustausch stellt, festgelegt werden. Den AIAs des AG muss jedoch, bei jedem Informationsaustausch mit dem AG, entsprochen werden. Die AIA werden in einem Dokument formuliert, in dem der Auftraggeber die für ihn relevanten Ziele, das grundsätzliche Vorgehen und die vom Auftragsnehmer geforderten Leistungen beschreibt (VDI-Gesellschaft Bauen und Gebäudetechnik 2018, S. 3). Die Notwendigkeit einer Festlegung der AIA für eine reibungslose Projektabwicklung sollte nicht unterschätzt werden. International wird anstatt des Begriffs AIA der Begriff EIR (engl. Exchange Information Requirements, vgl. DIN EN ISO 19650-1) verwendet. Die AIAs münden in den BIM Abwicklungsplan (BAP).

2.2   BIM-Abwicklungsplan (BAP)

Der BIM-Abwicklungsplan (BAP), auch BIM-Projektabwicklungsplan oder im englischen BIM execution plan (BEP) ist ein Dokument, welches die operative Grundlage einer BIM-basierten Zusammenarbeit im Projekt beschreibt (VDI 2552 Blatt 2, S. 3). Der BAP wird zwischen Auftraggeber (AG) und Projektbeteiligten vertraglich und kooperativ festgelegt und gilt im gesamten Projekt als verbindlich (Schrammel und Wilhelm 2016, S. 22). Der Auftragnehmer muss die Anforderungen des BAP in seinen abzuleistenden Aufgaben (z. B. projektspezifischen Organisationsanforderungen) beachten (Bodden et al. 2017, S. 100). Der BAP kann im laufenden Projekt (im Gegensatz zu den AIAs) angepasst werden und ist eine Art „Living Document".

Inhalte das BAP sind:

* BIM-Ziele
* Verantwortlichkeiten
* Organisationsstrukturen
* Softwareanforderungen
* Dateiaustauschanforderungen
* geforderte BIM-Leistungen
* Projektabhängige technische Details

Im BIM-Leitfaden für die Praxis vom Verbund Beratender Ingenieure (VBI) wird eine Empfehlung für die zeitliche Einordnung der AIAs und des BAP im Projektlauf gegeben (siehe Abb. 2.1). Die AIAs müssen in der Planungsvorbereitung erarbeitet und festgesetzt werden und anschließend zur Erstellung des BAP zur Verfügung stehen. Der BAP muss am Ende der LP1 beim Planungsbeginn vorliegen (VBI 2016).

Information Delivery Manual Das im Ausland häufig verwendete Information Delivery Manual (IDM) ist mit dem deutschsprachigen BIM-Abwicklungsplan gleichzusetzen. Der Begriff Information Delivery Specification wird ebenfalls verwendet.

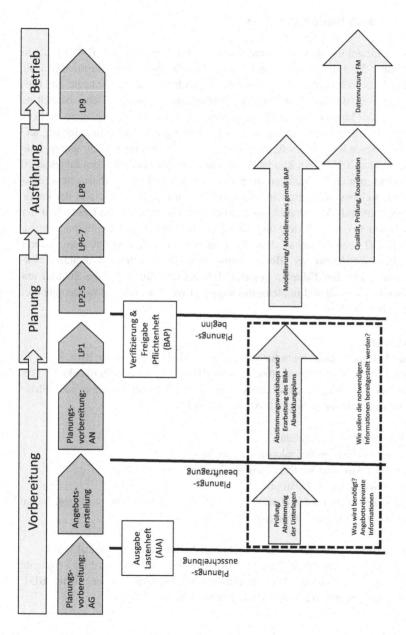

Abb. 2.1 Projektphasen mit Einordnung AIA und BAP

2.3   Stufenplan des BMVI

Das Bundesministerium für Verkehr und digitale Infrastruktur (BMVI) hat im Dezember 2015 den „Stufenplan Digitales Planen und Bauen" veröffentlicht. Er dient als Dokumentation des Leistungsversprechens und als Strategie zur Einführung von BIM im öffentlichen Verkehrsinfrastruktursektor. Dabei handelt es sich um „ein Modell, das den Weg zur Anwendung des digitalen Planens, Bauens und Betreibens transparent beschreibt und Auftraggeber und Auftragnehmer auffordert, diesen Weg zu beschreiten" (Bundesministerium für Verkehr und digitale Infrastruktur 2015, S. 5). Ziel ist der Einsatz von BIM bis Ende des Jahres 2020 in jedem neuen öffentlichen Infrastruktur- und infrastrukturbezogenen Bauprojekt, welches in Deutschland eingeworben wird. Anders als die in der Praxis oft anzutreffende Meinung ist der BIM-Stufenplan nicht für die Gesamtheit der Hoch- und Tiefbauprojekte gültig. Hier kann er lediglich als Orientierung dienen. Das BMVI schreibt selbst, dass das Konzept auf andere Projektarten anderer Sektoren übertragbar sei (Bundesministerium für Verkehr und digitale Infrastruktur 2015). Der Fahrplan des BMVIs sieht drei Stufen für die Zukunft mit steigendem Niveau und Implementierungsgrad vor. Nachfolgend werden die drei Stufen beschrieben.

▶ **Definition**
Stufe 1 (Bundesministerium für Verkehr und digitale Infrastruktur 2015, S. 5)
Stufe 1 ist die Vorbereitungsphase (2015–2017). Diese ist zum Zeitpunkt der Veröffentlichung dieses Buches bereits Vergangenheit. In der vorbereitenden Phase wurden unter anderem folgende Aufgaben bearbeitet:

- Pilotprojekte durchgeführt,
- Standardisierungsmaßnahmen vorgenommen,
- sich der Aus- und Weiterbildung gewidmet,
- rechtliche Fragen geklärt und
- BIM-Leitfäden für effektive Vorgehensweisen (Prozesse) beim Planen, Bauen und Betreiben mit BIM erstellt.

Stufe 2 (Bundesministerium für Verkehr und digitale Infrastruktur 2015, S. 5)
Die Zeitspanne von Stufe 2 reichte von 2017 bis 2020 und wird als erweiterte Pilotphase bezeichnet. Die laufenden Pilotprojekte sollen den BIM-Anforderungen des Leistungsniveaus 1 entsprechen.

Stufe 3 (Bundesministerium für Verkehr und digitale Infrastruktur 2015, S. 5)
Ab 2020 beginnt Stufe 3. In der letzten Stufe soll BIM in jeder Planung von
Projekten im Leistungsniveau 1 im gesamten Verkehrsinfrastruktursektor
angewandt werden.

Leistungsniveau 1
Bei dem Leistungsniveau 1 handelt es sich um eine Aufzählung von
BIM-Mindestanforderungen, die ab der zweiten Stufe teilweise und in der dritten
Stufe in Gänze in allen neu zu planenden Projekten des BMVI umgesetzt werden
sollen. Nachfolgend sind einige ausgewählte Inhalte des Leistungsniveau 1 auf-
gelistet (Bundesministerium für Verkehr und digitale Infrastruktur 2015, S. 9):

- Von Seiten der öffentlichen Hand im Zuständigkeitsbereich des BMVI sollte
  jeder befähigt sein, die BIM-Mindestanforderungen in Neuausschreibungen
  von Planungsleistungen anzuwenden.
- AIAs müssen vom Auftraggeber erstellt werden.
- Jegliche Leistungserbringung ist in digitaler Form auf Basis eines
  3D-Fachmodelles zu liefern.
- Herstellerneutrale Datenaustauschformate sollten in der Ausschreibung
  gefordert werden.
- Die Anwendung von BIM als Planungsmethode muss im Vertrag nieder-
  geschrieben sein.
- Im Vertrag sollten zudem Nutzungsrechte des Auftraggebers an den Fach-
  modellen sowie Verantwortlichkeiten festgelegt sein.
- Es ist ein BAP zu erstellen.
- „Im Vergabeverfahren ist zu gewährleisten, dass die Auftragnehmer, über
  die zur Umsetzung des Leistungsniveaus 1 notwendigen BIM-Kompetenzen
  verfügen und zu einer partnerschaftlichen Zusammenarbeit bereit sind. Die
  BIM-Kompetenz sollte daher bei der Vergabeentscheidung gewertet werden“
  (Bundesministerium für Verkehr und digitale Infrastruktur 2015, S. 9).

Übersicht Abb. 2.2 veranschaulicht die zuvor beschriebenen drei Stufen des
Stufenplans des BMVI.

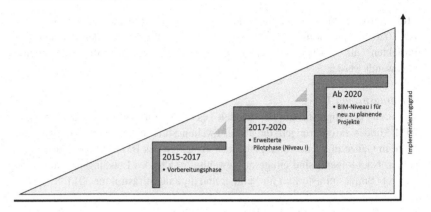

Abb. 2.2 Schematische Darstellung des Stufenplans

2.4   BIM Level

Erste Richtlinien (VDI) und DIN-Normen wurden erstellt, allerdings bestehen hinsichtlich der verwendeten Informationstiefen, Sichtweisen und Begriffe Unterschiede. Die DIN EN ISO 19650 gibt eine erste internationale Orientierung, geht jedoch nicht ins Detail.

Im Folgenden werden Begriffe wie „Level of Development", „Level of Geometry" oder „Level of Information" kurz beschrieben.

Level of Development Level of Development gibt nach der VDI 2552 Blatt 2 „Begriffe" den „Fertigstellungsgrad der fachspezifischen Bauwerksmodelle zu einer bestimmten Projektphase und für die Freigabe der BIM-Anwendungen an" (VDI-Gesellschaft Bauen und Gebäudetechnik 2018, S. 6).

„Der Level of Development definiert den Fertigstellungsgrad eines Modells, d. h. den Output zur jeweiligen BIM-Stufe (100 bis 500) hinsichtlich Ausprägung der geometrischen Inhalte (LOG) und der Attribuierung der alphanumerischen Inhalte (LOI). Mit der Fortschreitung des Projekts wird die Granularität und Genauigkeit zunehmen. Die Stufe 100 beschreibt dabei die unterste Stufe, 500 die höchste" (Bauen Digital Schweiz, building Smart Switzerland Bauen digital Schweiz, S. 54). Der LoD 500 wird als „As-Built" (wie gebaut) Modell bezeichnet und gibt den tatsächlich gebauten Bauwerkszustand wieder.

Level of Geometry (LOG) Level of Detail, auch als Level of Geometry bezeichnet, gibt nach VDI 2552 den „geometrischen Detaillierungsgrad der Modelelemente in fachspezifischen Bauwerksmodellen" an (VDI 2552 Blatt 2, S. 3).

„Der Level of Geometry definiert den geometrischen Inhalt eines Modells. Mit dem Fortschritt des Projekts wird die geometrische Genauigkeit zunehmen. LOG 100 beschreibt dabei die unterste Stufe, LOG 500 die höchste" (Bauen Digital Schweiz, building Smart Switzerland Bauen digital Schweiz, S. 54).

Level of Information (LOI) Der LOI erweitert das Modell um nicht geometrische Informationen. Dieses können z. B. Preis, Termine und/oder Aufwandswerte sein. Jedoch ist auch denkbar, dass das Modell um ganze Wertelisten (z. B. Gradtageszahlen oder Förderleistungen) erweitert wird.

Level of Information (alphanumerischer Detaillierungsgrad) wird in der VDI 2552 wie folgt definiert: „Grad der Attribuierung der Modelelemente in fachspezifischen Bauwerksmodellen" (VDI 2552 Blatt 2, S. 3). „Der Level of Information beschreibt den inhaltlichen (alphanumerischen) Informationsgrad eines Modells. Diese Informationsdichte entwickelt sich dabei aus den Attributen der zu verwendenden Objekte in der jeweiligen Stufe. LOI 100 beschreibt dabei die unterste Stufe, LOI 500 die höchste" (Bauen Digital Schweiz, building Smart Switzerland Bauen digital Schweiz, S. 54).

▶ **3D-Modell** Das 3D-Modell ist laut VDI 2552 das dreidimensionale digitale Gebäudemodell. Meist ist dieses im Zusammenhang von BIM objektbasiert (VDI 2552 Blatt 2, S. 2). Oft wird davon ausgegangen, dass ein BIM-Modell in 3D erstellt sein muss, dies ist jedoch nicht zwingend.

▶ **4D-Modell** Bei dem 4D-Modell handelt es sich laut VDI 2552 um ein dreidimensionales Gebäudemodell, das durch die Dimension der „Zeit" erweitert wird. Hier ist das 3D-Modell und seine Modellelemente mit einem Terminplan verknüpft. Das 4D-Modell ermöglicht eine frühzeitige Simulation des Bauablaufes. Somit kann die zeitliche Planung der Baustelle kontrolliert und optimiert werden (VDI 2552 Blatt 2, S. 2).

▶ **5D-Modell** Wird zum 4D-Modell die Dimension der „Kosten" hinzugefügt, erhält man das 5D Modell.

Im 5D-Modell ist eine Kostenverlaufssimulation möglich. Zudem lassen sich Material- und Personalganglinien simulieren (VDI 2552 Blatt 2, S. 2).

Die aufgeführten Dimensionen sind nicht als starre Definition zu verstehen, wichtig ist, dass das Modell jeweils um eine nicht geometrische Detailtiefe erweitert wird. Um dieses Auszudrücken wird oft der Begriff xD oder nD verwendet.

Level of Detail (LOD) „Der Detaillierungsgrad (Level of Detail) beschreibt den Input, wie detailliert ein Modellelement sein muss, um den geforderten Fertigstellungsgrad in den Stufen 100 bis 500 zu erreichen. Die Definitionen der Visualisierung (LOG) und Informationstiefe (LOI) sind dabei als Mindestanforderung zu betrachten, d. h. ein Element entspricht nur dann dem bestimmten Level, wenn alle in der Definition genannten Anforderungen in LOG und LOI erfüllt sind" (Bauen Digital Schweiz, building Smart Switzerland Bauen digital Schweiz, S. 54).

Level of Information Need (LOIN) Zur Ausschöpfung des gesamten Potenzials dieser neuen Methode ist unbedingt erforderlich, ein gemeinsames Verständnis über alle Zusammenhänge und Informationstiefen zu erlangen, sowohl national als auch international. Die DIN EN ISO 19650 definiert ein Level of Information Need als „Vorgabe die den Umfang und die Anzahl der Untergliederung der Information […] definiert" (DIN EN ISO 19650, S. 13). Im LOIN werden die bisherigen Level zusammengefasst und gemeinsam schematisiert.

2.5   Open/Closed/Little/Big BIM

Hierbei wird zwischen closed und open BIM sowie big und little BIM unterschieden, demnach zwischen einer Insellösung, also der Verwendung eines einheitlichen Programms eines Herstellers zwischen allen am Bauprozess Beteiligten, mehrerer Programme eines Herstellers in verschiedenen Aufgabenbereichen oder verschiedener Programme mit einer offenen Austauschschnittstelle (vgl. Abb. 2.3).

Little BIM Die übergeordnete Unterscheidung wird zwischen big BIM und little BIM vorgenommen.
   Little BIM kennzeichnet sich durch die Nutzung einer spezifischen BIM-Software durch einen einzelnen Planer aus (Borrmann et al. 2015, S. 7). Die spezifischen Softwareprodukte werden durch Objektplaner und einzelne Fachplaner nur für fachspezifische Planungsaufgaben eingesetzt. Das erstellte Modell

Abb. 2.3   Open, Closed, Little und Big BIM

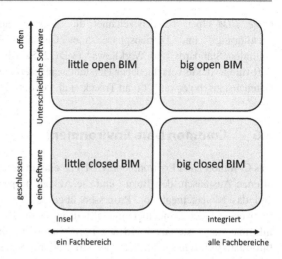

dient daher nicht zur gemeinsamen Koordination von Planungsaufgaben (van Treeck et al. 2016, S. 27).

Big BIM   Big BIM hingegen bezeichnet die „durchgängige und interdisziplinäre Anwendung der BIM-Methode, bei der die gesamten Potenziale der Methode genutzt werden können" (VDI 2552 Blatt 2, S. 3). Big BIM bedeutet also eine „konsequente modellbasierte Kommunikation zwischen allen Beteiligten und über alle Phasen des Lebenszyklus eines Gebäudes" (Borrmann et al. 2015, S. 8). Für diesen Datenaustausch und die Koordination werden vernetzte Projektplattformen verwendet (van Treeck et al. 2016, S. 27).

Closed BIM   Closed BIM beschreibt eine „Arbeitsweise, die auf Produkte eines Softwareherstellers beschränkt ist" (VDI 2552 Blatt 2, S. 4). Dies stellt den Unterschied zu Open BIM dar. Außerdem werden meistens nur proprietäre Formate für den Datenaustausch eingesetzt (Borrmann et al. 2015, S. 8). Die Anwendung von BIM über mehrere Fachbereiche hinweg sowie die zentral koordinierte Zusammenarbeit zur Erstellung eines Gebäudemodells mithilfe einer Softwarelösung wird auch als Big Closed BIM, eine Mischung aus Big BIM und Closed BIM, bezeichnet (Albrecht 2015, S. 23).

Open BIM Open BIM bezeichnet die „Zusammenarbeit in der Planungs-, Ausführungs- und Betriebsphase eines Gebäudes basierend auf hersteller-neutralen Standards und Workflows" (VDI 2552 Blatt 2, S. 6). Dabei werden Softwareprodukte verschiedener Hersteller eingesetzt und offene Formate für den Datenaustausch verwendet (van Treeck et al. 2016, S. 27).

2.6   Common Data Environment

Das Common Data Environment (CDE) ist eine internetbasierte Plattform für den offenen Austausch, den Bezug und die Ablage projektbezogener Informationen und das Management von Prozessen über den gesamten Lebenszyklus eines Bauwerks. Jeder Projektbeteiligte ist dadurch in der Lage, jederzeit relevante Informationen, Aufgaben und den Projektstatus an einer Stelle abzurufen. Der Informationsaustausch erfolgt über strukturierte Schnittstellen. In Deutschland wurde mit der DIN SPEC 91391 Teil 1 und 2 eine erste Vornorm veröffentlicht (DIN SPEC 91391).

2.7   Modellarten

Im Folgenden werden die wichtigsten Modellarten kurz beschreiben.

▶ **As-Built Modell** Das As-built Modell ist ein während der Ausführungsphase aufgenommenes, angepasstes, digitales Gebäudemodell, das den Ist-Zustand bis zum gewünschten Detaillierungsgrad abbildet. Stellt man das geplante, digitale 3D-Gebäudemodell dem realisierten Bauteil oder Bauwerk, also dem Bestandmodell gegenüber, wird dieser Vorgang As-built-Kontrolle genannt (VDI 2552 Blatt 2, S. 2).

▶ **Bauwerksmodell** Bei dem Begriff „Bauwerksmodell" wird nicht von einem monolithischen Gesamtmodell ausgegangen, sondern von der Koordination mehrerer Fachmodelle einzelner beteiligter Fachplaner (Architekturmodell, Trag-werksmodell, TGA-Modell etc.). Das Bauwerksmodell, Gebäudemodell oder 3D-Modell ist eine objektbasierte, dreidimensionale, digitale Abbildung eines Bauwerks inklusive aller notwendigen bautechnischen Informationen. Unter dem Begriff Bauwerksmodell ist nicht nur ein monolithisches Gesamtmodell zu verstehen, sondern mehrere Fachmodelle. Jeder Fachplaner (Architekt/ Tragwerksplaner/TGA-Planer) kann sein eigenes Modell verwenden. Die Koordination, Zusammenführung und Prüfung dieser Modelle muss im BAP festgelegt sein. Dieses Gebäudemodell ist die wichtigste Grundlage der BIM-Methode (VDI 2552 Blatt 2, S. 3).

▶ **Bestandsmodell** Das Bestandsmodell ist ein Bauwerksmodell oder Gebäude-modell, welches den Ist-Zustand eines Bauwerks bis zu einem gewünschten Fertigstellungsgrad digital darstellt (VDI 2552 Blatt 2, S. 2).

▶ **Fachmodell** Das Fachmodell bildet ein digitales Bauwerksmodell eines beteiligten Fachplaners. Da in einem Bauprojekt meistens mehrere Fachplaner arbeiten, bestehen oft mehrere disziplinspezifische Fachmodelle. Diese können in einem Koordinationsmodell temporär zusammengeführt werden, um eine Kollisionskontrolle durchzuführen (Vgl. Abschn. 2.8) (VDI 2552 Blatt 2, S. 2).

▶ **Grundlagenmodell** Ein Grundlagenmodell kann zu Beginn eines Projektes, zum Beispiel aus Bestandsdaten, erstellt werden. Anschließend kann es von Fach-planern als Grundlage für aufbauende Planung genutzt werden (VDI 2552 Blatt 2, S. 2).

▶ **Koordinationsmodell** Das Modell, welches sich aus der temporären Zusammenführung mehrerer Fach- und/oder Teilmodelle bildet, nennt sich Koordinationsmodell. Dieses wird meist mit der Absicht der Kollisionsprüfung oder der Gesamtsicht durchgeführt (VDI 2552 Blatt 2, S. 2).

▶ **Referenzmodell** Bei der Neuerstellung eines zusätzlichen Fach- oder Teil-modells wird häufig ein nicht bearbeitbares Modell als Bezug verwendet (referenziert). Dieses wird Referenzmodell genannt (VDI 2552 Blatt 2, S. 4).

▶ **Revisionsmodell** Ein Bauwerksmodell aus der Ausführungsplanung, welches anschließend in der Ausführung mit Revisionsinformationen erweitert und nicht wie ein As-built-Modell laufend angepasst wurde, wird als Revisionsmodell definiert (VDI 2552 Blatt 2, S. 4).

▶ **Teilmodell** Ein Teilmodell bildet einen definierten Teilbereich eines Fach-modells (VDI 2552 Blatt 2, S. 2).

2.8   Kollisionsprüfung

Die Kollisionsprüfung (Clash Detection) ist ein „Verfahren zur (teil-)auto-
matisierten Prüfung von räumlichen Überschneidungen von Modellelementen
eines oder mehrerer Fachmodelle zur Plausibilitätsprüfung und zur Vermeidung
von Kollisionen" (VDI 2552 Blatt 2, S. 5). Beispielsweise kann eine Kollisionskontrolle des Gebäudemodells der TGA-Planung in einer frühen Planungsphase
mit dem der Tragwerksplanung durchgeführt werden, um zu prüfen, ob eventuell
Versorgungsleitungen durch tragende Bauteile führen. Auf einem 2D- oder auch
3D-Plan würde eine mögliche Kollision eventuell nicht entdeckt. Wird eine
Kollision erkannt, kann diese zum Beispiel im Modell gekennzeichnet (hervor-
heben der Kollision durch Einfärbung im Modell) oder durch Listen generiert
werden.

2.9   Katalog

Definitionsgemäß ist der Katalog ein „nach einer Systematik geordnetes Ver-
zeichnis von Bauteilen und ihren Bauteileigenschaften, das zur einheitlichen
Anreicherung von Bauwerksinformationsmodellen benutzt werden kann" (VDI
2552 Blatt 2, S. 6).

Technik 3

Im Folgenden werden grundlegende technische Hintergründe zum Thema erläutert. Hier fallen Schlagwörter wie Industry Foundation Classes (IFC), IFC-Elemente oder BIM-Objekte. Dies ist notwendig, um die Gedankengänge und Vorgehensweisen hinter der BIM-Methode zu verstehen. Baudaten müssen, aus der digitalen Datenverarbeitungs-Sicht (EDV-Sicht), generiert, verarbeitet, ausgetauscht und gespeichert werden. Aus BIM-Sicht hat der gemeinsame Aspekt Bedeutung: die Daten müssen *gemeinsam* generiert, *gemeinsam* verarbeitet, *gemeinsam* ausgetauscht und *gemeinsam* gespeichert werden, damit *gemeinsam* darauf zugegriffen werden kann. Zusätzlich ist die Vernetzung dieser Daten interessant. Ohne BIM haben diese keine wirkliche Verbindung miteinander.

Interpretieren Sie die Abb. 3.1. Was sehen Sie? Stellt der Ausschnitt auf der linken Seite oder die farbigen Quadrate wirklich den Buchstaben B dar? Oder eher einen Teil einer Bauzeichnung, z. B. ein Detail eines Fliesenspiegels? Um es kurz zu machen, es fehlen weitere beschreibende Elemente, die die Daten wirklich zu weiter verwertbaren Informationen machen. Hier setzen Beschreibungssprachen wie IFC an. Sie geben an, um welche Art von Objekten es sich handelt. So könnte es sich bei der Schraffur um einen Ausschnitt des Elements IfcWall (Wand) handeln, beim unteren Ausschnitt um ein Unterelement (z. B. IfcCovering als Wandelement) von IfcWall. Dadurch erkennt die Software eine Wand und ein Detail einer Wandbekleidung. In diesem Fall würde die Wand ein Objekt und die Wandbekleidung ein anderes Objekt darstellen, welches mit dem Objekt Wand verbunden ist.

© Springer Fachmedien Wiesbaden GmbH, ein Teil von Springer Nature 2020   17
A. J. Spengler und J. Peter, *Die Methode Building Information Modeling,*
essentials, https://doi.org/10.1007/978-3-658-30235-1_3

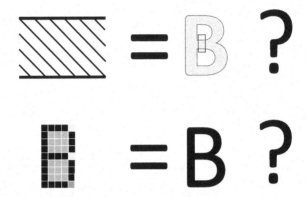

Abb. 3.1 Interpretation von Daten

3.1 Grundlagen

Oft wird in der Literatur davon gesprochen, dass die BIM-Methode an ein 3D-Modell gekoppelt sein soll. Davon wird aktuell in der Fachwelt Abstand genommen, da ein Objekt und dessen Eigenschaften nicht zwangsläufig eine 2D- oder 3D-Repräsentation benötigen. Eine Wand bleibt eine Wand, auch ohne 3-dimensionale Visualisierung. Visualisierungen werden eher in der Planung, Ausführung und zur visuellen Unterstützung verwendet. Ein Objekt repräsentiert ein Bauteil, Einbauten, Gegenstände oder rein virtuelle Dinge. Diese Objekte besitzen einen Namen, eine eindeutige ID und können durch weitere Eigenschaften beschrieben werden. Oft existieren sogenannte Objektbibliotheken (BIM-Kataloge), aus denen vorkonfigurierte Objekte direkt in ein Modell integriert werden können (Vgl. Abschn. 2.9).

Für den Nutzer ist weniger von Bedeutung, wie die BIM-Daten gespeichert, verteilt, bearbeitet oder vom Computersystem gelesen werden. Trotzdem kommt der Nutzer immer wieder mit diesem Themenfeld in Berührung. Dies passiert immer dann, wenn Informationen zwischen verschiedenen Beteiligten ausgetauscht werden müssen. Dieses können z. B. Auftragnehmer und Auftraggeber, Planer, ausführende Unternehmen, Mitarbeiter, Behörden, Betreiber oder Besitzer sein.

In diesem Zusammenhang wird von einem sogenannten DataDrop gesprochen. Ein DataDrop sind vorab definierte Daten, die zu einen vorab definierten Zeitpunkt zwischen zwei oder mehreren Beteiligten ausgetauscht werden (VDI 2552

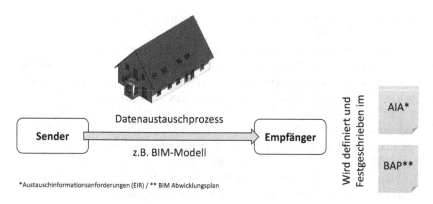

Abb. 3.2 Der Datenaustauschprozess

Blatt 2, S. 2). Die auszutauschenden Daten (DataDrops) können BIM-Modelle, elektronischen Dokumente, Prozessinformationen oder andere alphanumerischen Informationen sein. In Abb. 3.2 ist der Datenaustauschprozess schematisch dargestellt.

Idealerweise werden die Daten in einem offenen Format ausgetauscht. Zumindest sollten die Formate vorab festgelegt worden sein, da ansonsten die Beteiligten in Gefahr laufen, die Daten nicht oder nur unvollständig lesen zu können. In diesem Zusammenhang können offene Formate wie IFC (Industrial Foundation Classes, siehe nachfolgendes Kapitel) vorab in den AIAs vereinbart werden, da nur so die Potenziale (z. B. einheitliche Datenbasis, Nutzung gewerkspezifischer Software, einheitlicher Datenaustausch) der BIM-Methode vollständig ausgeschöpft werden können (Albrecht 2015, S. 89).

3.2 IFC Standardisierung

Das offene Datenaustauschstandard IFC (Industrial Foundation Classes) wird definiert und weiterentwickelt von buildingSMART International, welches in Deutschland seit 1995 vom buildingSMART e. V. (früher Industrieallianz für Interoperabilität IAI e. V.) vertreten wird.

IFC ist ein herstellerunabhängiges, offenes Datenmodell zum Austausch modellbasierter Daten und Informationen in allen Planungs-, Ausführungs- und Bewirtschaftungsphasen. Es können 2D- und 3D-Geometriedaten sowie weitere

Informationen gespeichert und übertragen werden (van Treeck et al. 2016, S. 32; Albrecht 2015, S. 89).

Weitere Informationen können z. B. logische Gebäudestrukturen (z. B. Fenster-Öffnung-Wand-Geschoss-Gebäude), Bauteile, Komponenten, zugehörige Eigenschaften (Attribute), Verbindungen zwischen den Objekten, optionale Geometrien oder Informationen zum Lebenszyklus eines Gebäudes sein.

Die neuste Version ist IFC 4, welche als ISO 16739:2013 veröffentlicht und damit erstmals als ISO-Norm akzeptiert wurde (Albrecht 2015, S. 89). In der Praxis wird die aktuelle Version oft nicht verwendet, sondern auf die vorherige Version IFC 2×3 zurückgegriffen. Dieses ist mit der unzureichenden IFC-Implementierung vieler Programme begründet. In der Tab. 3.1 sind die verschiedenen Versionen und deren Entwicklungsjahre dargestellt.

Der IFC-Standard wird durch buildingSMART ständig weiterentwickelt, er kann jedoch nicht alle Aufgabenbereiche des Bauwesens abdecken. Zur Gewährleistung der umfassenden Verwendbarkeit des internationalen Standards IFC im Infrastrukturbereich wird der Objektkatalog gegenwärtig mit Förderung des BMVI erweitert (Bundesministerium für Verkehr und digitale Infrastruktur 2015, S. 4).

Oft wird die IFC-Schnittstelle mit BIM gleichgesetzt oder davon ausgegangen, dass BIM-Informationen als IFC-Datei abgespeichert werden müssen. Dies ist allerdings nicht der Fall. Wenn der AG keine Vorgaben macht, ist es dem jeweiligen Akteur überlassen, wie er die BIM-Prinzipien umsetzt und digital verarbeitet. Normalerweise legt der AG vorab die verwendeten Standards fest. Dies ist vor allen dann im Interesse des AGs, wenn er die Daten im Betrieb weiterverwenden möchte.

Tab. 3.1 Übersicht der IFC-Versionen

IFC-Version	Zeitraum	Verwendung
1.0, 1.5, 2.0	2000–2002	Frühe Prototypen
2x, 2x2	2002–2008	Für Early Adopters
2x3	2008–2016	In praktischer Anwendung
4 (nach ISO 16739)	Seit 2014	Aktuelle Version
5		In Entwicklung

Übersicht der IFC Versionen von 2000 bis heute

3.3   Geschlossene Datenformate

Neben offenen Formaten und Programmen existieren meistens geschlossene Lösungen (Closed BIM) (Vgl. Abschn. 2.5). Nähere Informationen zu diesen herstellerspezifischen Programmen und Datenformaten sind oft nicht frei zugänglich und somit ist auch nicht erkennbar, wie Daten verarbeitet und gespeichert werden. Auf den ersten Blick scheint dieser Nachteil vernachlässigbar, tritt jedoch dann in Erscheinung, wenn die Daten weiterverarbeitet, analysiert oder organisationsübergreifend verwendet werden sollen.

Trotz dieser Hemmnisse haben proprietäre (geschlossene) Lösungen Vorteile. Diese sind u. a.:

- Proprietäre Datenformate können häufig mehr Informationen abbilden als offene Datenformate.
- Der Datenaustausch zwischen Programmen des gleichen Herstellers funktioniert in der Regel reibungsloser.
- Bei offenen Datenformaten steht oft kein hohes Budget zur Weiterentwicklung zur Verfügung, da die Weiterentwicklung auf freiwilliger Basis, meistens ehrenamtlich, geschieht. Die Folge sind der geringe Funktionsumfang und längere Entwicklungszyklen.
- Nicht jede Software kann (oder will) offene Datenformate lesen.

Ein gerne angeführtes Beispiel für die Unterschiede zwischen verschiedenen Dateiformaten im CAD-Bereich ist der genaue Drehpunkt eines Türanschlags. Unter bestimmten Umständen kann es wichtig sein, diesen zu kennen und zu speichern. In vielen Dateiformaten wird der Drehpunkt jedoch nicht abgebildet, sodass Datenverluste auftreten können. Was genau in den verschiedenen Dateiformaten abgespeichert wird, kann nicht pauschal beantwortet werden und muss ausprobiert werden. Genaue Kenntnis darüber, welche Informationen gespeichert werden können, ist nur bei offenen Dateiformaten wie IFC gegeben. Dem Anwender bleibt demnach übrig, genau zu definieren, was beim Export von einer Anwendung in die andere abgebildet werden soll und die Daten nach dem Export in der neuen Anwendung zu überprüfen. Dieses gilt ebenfalls für Cloud- und Common Data Environment (CDE)-Dienste.

3.4   Digitaler Bauantrag mit BIM

Die BIM-Methode könnte durch bundeseinheitliche offene Datenstandards effizient genutzt werden. So könnten Genehmigungsverfahren wie der Bauantrag durch die Digitalisierung erleichtert werden. Dieses ist jedoch aktuell noch nicht der Fall.

Erforderlich dafür wäre die durchgängige Nutzung von digitalen BIM-Modellen auf allen Seiten. In diesem Zusammenhang wurde Anfang des Jahres 2018 ein Projekt im Rahmen der Forschungsinitiative ZukunftBAU des Bundesinstituts für Bau-, Stadt- und Raumforschung (BBSR) gestartet. Planen-bauen 4.0 GmbH hat in Zusammenarbeit mit dem Lehrstuhl für Informatik im Bauwesen der Ruhr-Universität-Bochum und den Koordinierungsstellen GDI des Hamburger Landesbetriebs Geoinformation und Vermessung das Ziel, eine Prozessbeschreibung des BIM-basierten Bauantrags zu erstellen, die Modellanforderungen für die Verwendung festzulegen sowie eine Mehrwertanalyse durchzuführen (Planen und Bauen 4.0 2018, S. 2).

Zudem sollen eine Einreichung und formale Prüfung eines digitalen Bauantrags über ein IT-Tool ermöglicht werden, was anhand eines Prototyps untersucht wird. Mithilfe dieser Ergebnisse soll ein bundesweit einheitliches Bauantragsverfahren erarbeitet werden (Planen und Bauen 4.0 2018, S. 2).

Normen, Richtlinien und Datenschutz 4

Im Folgenden wird auf aktuelle Normen und Richtlinien, die HOAI und den Datenschutz eingegangen. Den Schwerpunkt bilden hierbei die Normen und Richtlinien.

4.1 Übersicht der Normen

Das größte Hindernis bei der Verwendung der BIM-Methodik sind in vielen Bereichen fehlende Normen und Richtlinien. Viele befinden sich derzeit in der Erarbeitung. Der folgende Abschnitt und die Abb. 4.1 geben einen groben Überblick und verdeutlichen die Zusammenhänge zwischen internationaler und nationaler Normung.

ISO Internationale Organisation für Normung (ISO) bildet einen Teil der World Standards Cooperation (WSC) und beschreibt internationale Standards. Jedes Mitglied in der ISO vertritt ein Land. Deutschland wird durch das DIN (Deutsche Institut für Normung e. V.) vertreten. Aus Sicht der nationalen Normung besteht keine Verpflichtung der Übernahme von ISO-Normen in das nationale Normenwerk. Jedoch besteht eine Vereinbarung, dass die CEN ausgewählte ISO Normen übernimmt.

CEN Europäische Normen müssen von allen Mitgliedsstaaten des Europäischen Komitees für Normung (CEN) in die jeweilige nationale Normung übernommen werden. Die CEN gibt die europäischen Normen (EN) aus. EN-Normen müssen von den Mitgliedsstaaten in das nationale Normenwerk überführt werden. Vorhandene, nationale Normen müssen anschließend zurückgezogen werden (DIN EN 45020).

© Springer Fachmedien Wiesbaden GmbH, ein Teil von Springer Nature 2020
A. J. Spengler und J. Peter, *Die Methode Building Information Modeling,*
essentials, https://doi.org/10.1007/978-3-658-30235-1_4

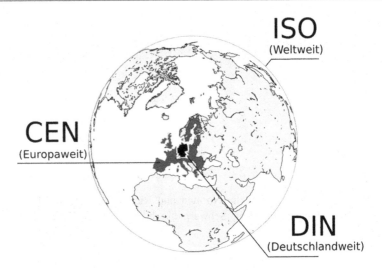

Abb. 4.1   Überblick der Gültigkeitsbereiche von Normen eigene Darstellung

DIN Die Normung in Deutschland erfolgt durch das Deutsche Institut für Normung (DIN). Ziel ist die Herstellung eines einheitlichen Verständnisses zwischen den am Bau beteiligten Akteuren (DIN 820-1:2014).

DIN SPEC Im Gegensatz zu einer DIN-Norm ist eine DIN SPEC-Norm keine gültige Norm, sondern eine Spezifikation, die die Schaffung eines Standards zum Ziel hat (Deutsches Institut für Normung e. V. 2019).

VDI Der Verein Deutscher Ingenieure (VDI) ist eine nationale und internationale Interessenvertretung von Ingenieuren und Naturwissenschaftlern. Der VDI erstellt unter anderem technische Regelwerke (VDI-Richtlinien). Diese haben keinen Normungscharakter, ihr Inhalt kann jedoch als anerkannte Regeln der Technik betrachtet werden.

Eine Übersicht, wie die ISO, EN und DIN ineinandergreifen, gibt Abb. 4.2. Die Tab. 4.1 zeigt einen Überblick über aktuelle Normen und Richtlinien.

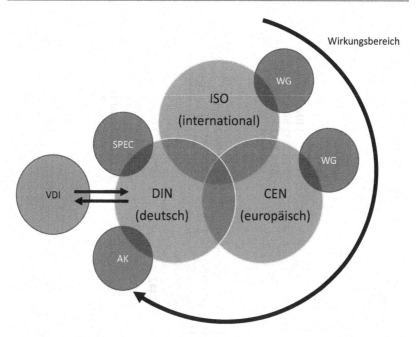

Abb. 4.2 Zusammenspiel der Normen und Richtlinien

4.2 Honorare

Zur erfolgreichen Umsetzung der BIM-Methode in Deutschland sollten bewährte Planungsstrukturen und -prozesse sowie bindende rechtliche Rahmenbedingungen berücksichtigt werden. Fragestellungen, wie zum Beispiel, „Wie fügt sich die BIM-Methode in das Leistungsbild der Architektinnen und Architekten ein?", und, „Welche Auswirkungen hat die BIM-Methode auf die Gestaltung von Verträgen und Honorarabrechnungen?", sind dabei von zentraler Bedeutung.

Die vorwiegend eingenommene Position im juristischen Kontext Anfang 2019 war, dass die Honorarordnung für Architekten und Ingenieure 2013 auch bei der BIM-Methode angewendet werden muss (Eschenbruch und Leupertz 2019, S. 144 ff.). Jedoch existieren in der HOAI 2013 keine BIM-Leistungsbilder und dazugehörige Honorare. Um hier mehr Klarheit zu schaffen, gab es Veröffentlichungen, in denen die HOAI 2013 aus der Perspektive der BIM-Methode

Tab. 4.1 Übersicht relevanter Normen und Richtlinien

	ISO	EN	DIN	VDI
Stand der Technik*/ geltende Normen und Richtlinien	DIN EN ISO 12006 (IFD) DIN EN ISO 16739 (IFC) DIN EN ISO 19650 Part 1 (CDE) DIN EN ISO 19650 Part 2 (CDE) DIN EN ISO 29481 Part 1 (IDM) DIN EN ISO 29481 Part 2 (IDM)			VDI 2552 Blatt 3 VDI 2552 Blatt 5 VDI 2552 Blatt 8.1 VDI 3805
In der Erstellung bzw. im Entwurf*/ Vornorm	ISO/TC 59/SC 13 prEN ISO 12006-3 prEN ISO 16757-1 prEN ISO 16757-2 prEN ISO 19650-3 prEN ISO 19650-5 prEN ISO 21597-1 prEN ISO 21597-2 prEN ISO 23386 prEN ISO 23387	Working Groups: CEN TC442/WG1 CEN TC442/WG2 CEN TC442/WG3 CEN TC442/WG4	DIN SPEC 91400 DIN SPEC 91391 DIN SPEC 91350 NA 005 AKs (Spiegelausschüsse zur EN TC442)	VDI 2552 Blatt 1 VDI 2552 Blatt 2 [Entwurf] VDI 2552 Blatt 4 [Entwurf] VDI 2552 Blatt 6 VDI 2552 Blatt 7 [Entwurf] VDI 2552 Blatt 8.2 VDI 2552 Blatt 9 VDI 2552 Blatt 10 VDI 2552 Blatt 11 VDI 2552 Blatt 11.3

Übersicht relevanter Normen und Richtlinien (Stand 2019)

ergänzt wurde (AKNW 2016; BAK 2017). Diese Bemühungen wurden am 4. Juli 2019 zum Teil hinfällig, als der europäische Gerichtshof beschlossen hat, dass die deutsche HOAI 2013 im Bezug zum gesetzlich einzuhaltenden Preisrecht nicht EU-rechtskonform ist (EuGH, Urt. v. 04.07.2019, Az, C-377/17). Die Bundes-republik Deutschland ist nach dem Urteil dazu aufgefordert, die HOAI 2013 abzuschaffen oder zu überarbeiten.

Trotz des Urteils wird es weiterhin Leistungsbilder im Bau und BIM-Leistungsbilder geben. Das EuGH-Urteil wird derzeit geprüft. Es bleibt spannend, ob es eine nachfolge HOAI geben wird oder eine ganz neue Rechts-grundlage für Honorare geschaffen werden muss. Es ist zu hoffen, dass in diesem Zusammenhang direkt BIM-Leistungsbilder integriert werden. Derzeit wird empfohlen, Honorarverträge nur mit juristischem Rat zu schließen.

4.3 Datenschutz

Datenschutz in Bauwesen nahm, nicht zuletzt durch das Inkrafttreten der Datenschutz-Grundverordnung (DSGVO) am 25. Mai 2018, stark an Bedeutung zu. Unabhängig von der DSGVO ist die Dringlichkeit der Bewahrung der Sicher-heit der Daten im Bauwesen sehr hoch.

Datenhoheit Datenhoheit bedeutet Besitz- und Eigentumsrecht einer einzel-nen Person oder anderen Rechtspersonen (Einrichtung), bezogen auf Daten und Informationen. Datenhoheit kann auch über „fremde" Daten ausgeübt werden.

Die im gemeinsamen Europäischen Markt rechtlich zulässige Daten-hoheit wird durch die Datenschutz-Grundverordnung (DSGVO – englisch General Data Protection Regulation (GDPR)) geregelt. Durch die Datenschutz-Grundverordnung werden personenbezogene Daten innerhalb der EU geschützt und gleichzeitig der freie Datenverkehr innerhalb des europäischen Marktes sichergestellt (Deutsches Institut für Normung e. V. 2018, S. 10). Eine erste Anlaufstelle für den Datenschutz bildet das Bundesamt für Sicherheit und Informationstechnik (BSI; In Internet zu finden unter der URL: https://www.bsi. bund.de). Hier werden verschiedene Broschüren und BSI Standards zum Down-load angeboten.

Die Abb. 4.3 zeigt die BSI Schutzziele. Daten müssen vertraulich behandelt, manipulationsfrei und zum richtigen Zeitpunkt verfügbar sein.

Die Dringlichkeit des Datenschutzes ist vielen Akteuren im Bauwesen nicht bewusst. Dabei fallen auch oder gerade hier viele sicherheitsrelevante Daten an.

Vertraulichkeit	Integrität	Verfügbarkeit
• Schutz vertraulicher Informationen vor unbefugter Preisgabe.	• Korrektheit, Manipulationsfreiheit und Authenzität von Daten.	• Funktionen des IT-Systems und Informationen stehen zum richtigen Zeitpunkt in der gewünschten Qualität zur Verfügung

Abb. 4.3 BSI-Schutzziele

Sicherheitsrelevante Daten sind u. a.:

- Personendaten wie Urlaubs- und Krankheitstage,
- Abrechnungen, Zahlungen, Protokolle, Mails,
- Sensordaten, Körperdaten, Fotos, Telefonate, Besprechungen, Kalkulationswerte,
- Bewegungsprofile, Betriebsdaten, Raumbelegungen oder
- Kalkulationen.

Die Liste ist nicht abschließend, zeigt jedoch das besondere Schutzniveau im Bauwesen. In der nachfolgenden Liste sind erste Maßnahmen zur Anhebung des Sicherheitsniveaus aufgeführt. Hierbei ist zu beachten, dass eine einzige Sicherheitsschwachstelle bereits ausgenutzt werden kann, um ein komplettes Computersystem oder Organisationsnetzwerk zu übernehmen. Die Auswirkungen können über das Mitlesen von Informationen, Löschen, die Manipulation von Daten bis hin zur Auslösung externer Dienste oder Geldtransaktionen gehen. Dem ungeübten und nicht sensibilisierten Nutzer fallen solche Auswirkungen meistens nicht einmal auf.

Beispielhafte Maßnahmen zur Erhöhung des Datenschutzes:

- Erstellung eines regelmäßigen Backups der schutzbedürftigen Daten.
- Einspielung von Sicherheitspatches und Patches der verwendeten Software (evtl. vorher mit dem Hersteller in Verbindung setzen, vor allen bei „exotischer" Software, also nicht Standard-Software).
- Software nach Möglichkeit auf dem aktuellen Stand halten, alte Softwareversionen nicht so lange einsetzen, bis der Markt eine neue Version „aufzwingt".

- Passwörter individuell und einmalig vergeben (Hier helfen sog. Passwort-tresore). Passwörter regelmäßig neu vergeben (Je nach Bedarf. Dass Passwörter in regelmäßigen Abständen neu vergeben werden müssen, ist nicht mehr Meinung vieler Fachleute).
- Antivirenprogramm und Firewall müssen aktuell und aktiv gehalten werden.
- Wenn sich der Computer oder ein EDV-System ungewohnt verhält, sollte dem sofort nachgegangen werden.
- Es sollten keine unbekannten Mailanlagen geöffnet werden. Im Zweifelsfall sollte beim Absender telefonisch nachgefragt werden.
- E-Mails sind kein sicheres Kommunikationsmedium. Sie können auf ihrem Weg durch das Internet von Dritten mitgelesen werden.
- Die Speicherung von Daten in einer Cloud ersetzt kein Backup. Cloud-lösungen sind praktisch, sollten jedoch generell kritisch geprüft werden. Z. B. stehen die Server innerhalb der EU? Werden die Daten weiterverarbeitet?

Neben den genannten Maßnahmen ist die eingesetzte Software an sich ein potenzielles Sicherheitsrisiko. Selbst den versierten Nutzern ist nicht bekannt, wie die Software „unter der Haube" arbeitet. Dieses betrifft vor allem proprietäre Software, da der Quellcode häufig nur dem Hersteller bekannt ist. Bei Open Source Software ist dieses Problem ebenfalls vorhanden, wenn auch nicht in einem so hohen Maß wie bei geschlossenen Lösungen. Durch Open Source ist es jedem möglich, den Quellcode einzusehen. Es gilt, je größer das Programmier-team, desto sicherer kann sich der Nutzer mit dem Umgang der Software wähnen.

- Es sollten möglichst offene Standards verwendet werden.
- Eine besondere Wichtigkeit hat die Skalierbarkeit und Aktualität der Software. Die Software sollte mit dem Unternehmen mitwachsen können. Das bedeutet, es darf z. B. nicht zu einer Serverüberlastung kommen, wenn eine Anlage in Betrieb geht und größere Datenmengen anfallen.
- Es sollten keine exotischen oder veralteten Programmiersprachen verwenden werden.
- Es sollte auf eine gute Dokumentation der Software und des Quelltextes geachtet werden.
- Der Trend geht hin zu updatefähigen Systemen (keine ROMs).
- Immer häufiger sind die Systeme vom Internet aus erreichbar bzw. so vernetzt, dass theoretisch von außen auf sie zugegriffen werden kann.
- Auch Hardware kann anfällig sein (Aktuelle Stichworte: Spectre/Meltdown).

Zur langfristigen Erhöhung der Datensicherheit im Unternehmen können folgende Maßnahmen getroffen werden:

- Die eingesetzte Software muss regelmäßig aktualisiert werden.
- Es müssen die Anforderungen des Auftraggebers zur Datensicherheit berücksichtigt werden.
- Fahrlässigkeit sollte vermieden werden (Z. B. Vermeidung gleicher Passwörter für verschiedene Dienste). Ggf. sollten Gegenmaßnahmen initiiert werden.
- Bei der Wahl des Speicherorts sollte auf Datensicherheit geachtet werden.
- Sollten die Daten eine Personenbezogenheit aufweisen, gilt die DSGVO.
- Die üblichen Branchenstandards sollten genutzt oder ggfs. höhere Sicherheitsstandards aus anderen Branchen adaptiert werden.
- Es sollte auf eine rechtliche Absicherung geachtet werden.
- Die Mitarbeiter sollten geschult und sensibilisiert werden.
- Die Einführung von Datensicherheit sollte durch die Unternehmensleitung implementiert werden.
- Es sollte ein Sicherheitsmanagementsystem eingeführt werden.

BIM aus Sicht der Beteiligten 5

Am Lebenszyklus eines Bauwerks sind zahlreiche Akteure beteiligt. Jeder Akteur besitzt eine eigene fachtypische Software, Sicht- und Arbeitsweise. Die Hauptproblematik aller Beteiligten gründet, wie bereits in den vorangegangenen Kapiteln ersichtlich, auf einer starken Dynamik, die derzeit der Entwicklung von BIM zu eigen ist. Dies führt unter anderem dazu, dass sich die verschiedenen Gruppen in den Normen, Richtlinien und Softwares nicht wiederfinden.

5.1 Öffentliche Hand

Im Jahr 2015 hat das Bundesministerium für Verkehr und digitale Infrastruktur (BMVI) den Stufenplan veröffentlicht (s. Abschn. 2.3). In diesem legt das BMVI selbst fest, dass bis 2020 BIM Level 1 für Infrastrukturprojekte angewendet werden soll (Bundesministerium für Verkehr und digitale Infrastruktur 2015). Der Stufenplan gilt nur im Zuständigkeitsbereich des BMVI und stellt keine Gesetzesgrundlage dar. Trotzdem ist der Stufenplan als Meilenstein bei der Einführung von BIM in Deutschland zu betrachten, da hier erstmals von einem konkreten Zeitplan und dem Umfang gesprochen wird. Jedoch soll nicht unerwähnt bleiben, dass der BIM-Stufenplan von Einigen fälschlicherweise als Roadmap für die BIM-Einführung in Deutschland angesehen wird. Der Ursprung und die Feststellung der Notwendigkeit des Stufenplans wurde von der, ebenfalls vom BMVI initiierten, „Reformkommission Bau von Großprojekten" festgestellt. Hier wurden 10 Handlungsempfehlungen vorgeschlagen, von der eine die verstärkte Nutzung von BIM war (Bundesministerium für Verkehr und digitale Infrastruktur 2015). Der Bericht der Reformkommission wurde im Jahr 2015 veröffentlicht. Zu diesem Zeitpunkt waren Großbritannien, Nordirland,

© Springer Fachmedien Wiesbaden GmbH, ein Teil von Springer Nature 2020
A. J. Spengler und J. Peter, *Die Methode Building Information Modeling,*
essentials, https://doi.org/10.1007/978-3-658-30235-1_5

die USA, die skandinavischen Länder und die EU bei der Umsetzung und Entwicklung von BIM Deutschland weit voraus. So veröffentlichten die General
Services Administration (GSA) in den USA bereits 2007 den ersten BIM-Guide.
Dieser geht zurück auf das Jahr 2003. Die Ursprünge von BIM in den USA gehen
sogar bis in die 1970er-Jahre zurück (GSA 2007). Im gleichen Jahr überarbeitete
die British Standards Institution (BSI) die PAS 1192 und schuf dabei eine
(britische) Normenreihe, die die Europäische Normung erheblich beeinflusste
(British Standards Institution 2007). Im Jahr 2015 wurde die EU BIM Task Group
gegründet, die in den Jahren 2016 bis 2017 von der EU finanziert wurde und
ein EU-BIM-Handbuch in allen Landessprachen der EU erstellte. Im Handbuch
wird die Bedeutung von BIM für den öffentlichen Sektor herausgestellt und ein
gemeinsames Vorgehen gefordert (EU BIM Taskgroup 2018) (Abb. 5.1).

Ein vorläufiger Höhepunkt ist die Veröffentlichung der DIN EN ISO 19650.
Mit dieser Normenreihe existiert erstmals eine einheitliche Normung für
alle Länder der EU (DIN Deutsches Institut für Normung e. V. 2018). Die
DIN EN ISO 19650 wird in Deutschland aktuelle und zukünftige Ausschreibungen prägen.

Dieser kurze, geschichtliche Abriss zeigt die Bedeutsamkeit des Themen-
feldes, welches BIM für den öffentlichen Sektor darstellt. Dass diese Brisanz
erkannt wird, zeigt der Koalitionsvertrag von Nordrhein-Westfalen aus dem Jahr
2017. Hier wird der Einsatz der BIM-Methode für den Bau- und Liegenschafts-
betrieb des Landes Nordrhein-Westfalen (BLB) und Straßen.NRW verpflichtend
festgelegt (CDU/FDP 2017). Nicht so weit geht der Koalitionsvertrag der
aktuellen Bundesregierung, in der BIM baldmöglichst für Verkehrsinfrastruktur-
projekte und Baumaßnahmen des Bundes Einsatz finden soll (CDU 2018).

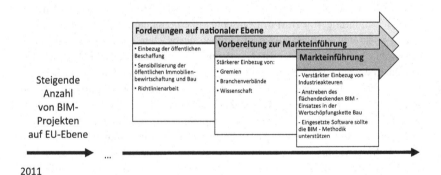

Abb. 5.1 Die BIM-Markteinführung in der EU

5.2 Private Auftraggeber

Im Gegensatz zur öffentlichen Hand sind private Auftraggeber rechtlich nicht im gleichen Maß an die BIM-Einführung gebunden. Es ist ihnen freigestellt, ob sie die BIM-Methode einsetzen wollen oder nicht. Werden in einer Ausschreibung BIM-Kompetenz oder BIM-Leistungen gefordert, so müssen die Auftragnehmer dies anbieten.

5.3 Bauherr

Der Auftraggeber (AG) trägt die Verantwortung für die Durchführung der BIM-Methode. Er kann BIM-Leistungen selbst erbringen oder delegieren. Soll BIM zum Einsatz kommen, so muss er dies in der Ausschreibung fordern und, nach aktueller Auffassung, die AIAs erstellen. Hierfür sollte sich der AG genau Gedanken machen, was er mit der Methode des BIM erreichen möchte und dies in sogenannten Anwendungsfällen festschreiben. Hierbei liegen die Hauptvorteile nicht unbedingt in der Bauplanung und -ausführung, sondern aus AG Sicht vielmehr in der Betriebsphase. Hier können die in den vorangegangenen Phasen erzeugten Daten die Grundlage für weitere Dienste darstellen, Aus- und Umbauten vereinfachen oder das FM unterstützen. Der AG kann die DIN ISO EN 19650 verpflichtend in der Ausschreibung vereinbaren.

5.4 BIM-Verantwortlichkeiten nach DIN 19650

Die DIN EN ISO 19650 hat eine andere Perspektive als die bestehenden Richtlinien. So kennt die DIN EN ISO 19650 keine Rollen, sondern nur Anforderungen an Informationen und deren Lieferanten und Empfänger. Begriffe wie BIM-Manager oder BIM-Koordinator sind nicht definiert, stattdessen spricht die DIN EN ISO 19650 von Teams, Appointing und Appointed Party, Actors und z. B. Clients (DIN EN ISO 19650-1). Die nachfolgende Abbildung verdeutlicht die Zusammenhänge (Abb. 5.2).

Der DIN EN ISO 19650 Teil 1 spricht von verschiedenen Perspektiven über den gesamten Lebenszyklus eines Bauwerks und hier insbesondere von den Informationen (DIN EN ISO 19650-1) (Abb. 5.3).

Somit handelt die Norm hauptsächlich von den Informationen, welche aus verschiedenen Perspektiven notwendig sind, wie diese verarbeitet werden und was sie bewirken.

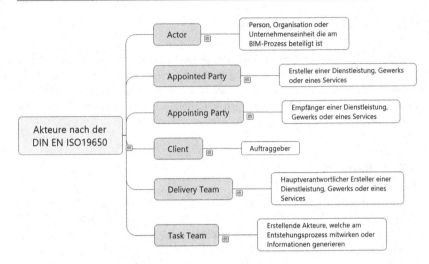

Abb. 5.2 Akteure nach DIN 19650

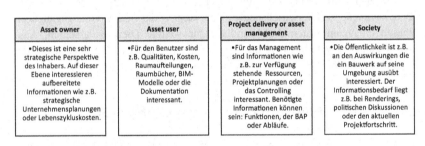

Abb. 5.3 DIN 19650 Perspektiven

5.5   BIM Rollen nach VDI

Im Gegensatz zur DIN EN ISO 19650 ist die VDI 2552 Richtlinienreihe rollen-
und prozessorientiert. Einige Teile wurden jedoch vor der DIN EN ISO 19650
veröffentlicht und deshalb konnten diese Teile nicht mit ihr abgeglichen werden.
In naher Zukunft kann das dazu führen, dass die VDI 2552 auf DIN-Konformität
überprüft und angepasst werden muss. In Tab. 5.1 ist die VDI 2552 Richtlinienreihe dargestellt und in Abb. 5.4 die Zusammenhänge der einzelnen BIM-Rollen.

Tab. 5.1 Übersicht der VDI2552-Richtlinienreihe

VDI 2552	Kurzbeschreibung
Blatt 2[a] (Begriffe)	Schaffung einer Basis um Begriffe einheitlich zu definieren und zu beschreiben. Die Richtlinie fügt hinzu, dass nicht alle Begriffe ins Deutsche übersetzt werden können
Blatt 3 (Modellbasierte Mengenermittlung zur Kostenplanung, Terminplanung, Vergabe und Abrechnung)	Abgleich von Leistungsmengen und Controlling Strukturen zwischen den verschiedenen Baubereichen
Blatt 4[a] (Anforderungen an den Datenaustausch)	Realisierung von Datenaustauschszenarien zur Abwicklung von BIM Projekten
Blatt 5 (Datenmanagement)	Management von Daten unterschiedlicher Fachdisziplinen und der Austausch auf einer gemeinsamen Datenumgebung
Blatt 6[b] (FM)	In Arbeit Definition der für das FM erforderlichen BIM-Strukturen
Blatt 7[a] (Prozesse)	Bereitstellung von Methoden zur Beschreibung von BIM – relevanten Prozessen
Blatt 8.1 (Qualifikationen – Basiskenntnisse)	Definition und Überblick von BIM Basiskenntnissen
Blatt 8.2[b] (Qualifikationen; Erweiterte Kenntnisse)	In Arbeit Beschreibung der Fachlichen Qualifikation und des Berufsbilds eines BIM-Managers
Blatt 9[b] (Klassifikationen)	In Arbeit Schaffung einer Basis für einheitliche Bauteilbeschreibungen
Blatt 10[b] (Auftraggeber Informationsanforderungen (AIA) und BIM-Abwicklungspläne (BAP))	In Arbeit Erarbeitung von Vorschlägen, um einheitlich die AIAs und BAPs zu beschreiben
Blatt 11[b] (Informationsaustauschanforderungen)	In Arbeit Entwicklung von Methoden um den Informationsbedarf (Exchange Requirements) festzulegen
Blatt 11.3[b] (Informationsaustauschanforderungen; Schalungs- und Gerüsttechnik (Ortbetonbauweise))	In Arbeit Definition der Exchange Requirements für Schalungs- und Gerüsttechnik

Übersicht der VDI2552 Richtlinienreihe (Stand 2019)
[a]Im Entwurf erschienen/[b]in Arbeit/ohne – Erschienen (Stand Frühjahr 2019)

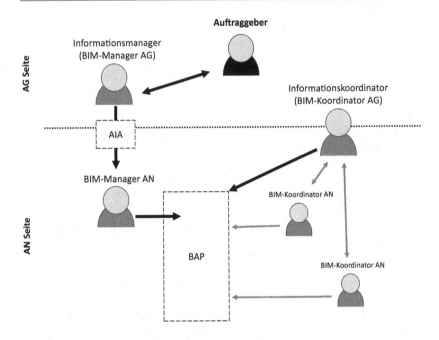

Abb. 5.4 BIM-Zusammenhänge-AIA-BAP

BIM – Manager Informationsmanager (BIM-Manager) sind Projektmitglieder, die im Rahmen des Projektmanagementprozesses die AIAs erfassen sowie BIM-Ziele und -Anwendungen definieren (VDI 2552 Blatt 2, S. 4). Sie verantworten die organisatorischen Aufgaben zur Definition, Umsetzung, Einhaltung und Dokumentation der BIM-Prozesse über den gesamten Lebenszyklus eines Bauwerks. Gleichzeitig sind sie Ansprechpartner des Auftraggebers und für das CDE (Common Data Environment) verantwortlich. In den einzelnen Lebenszyklusphasen kommen die BIM-Manager aus unterschiedlichen Umfeldern. Bei einem Wechsel des BIM-Managers ist es die Aufgabe dessen Nachfolgers, das Datenmodell auf Qualität, Aktualität und Vollständigkeit zu prüfen. Der BIM-Manager stimmt die Aufgaben und Prozesse mit den Beteiligten, insbesondere auf operativer Ebene mit dem BIM-Koordinator, ab.

BIM – Koordinator BIM-Koordinator (Informationskoordinator)
BIM-Koordinatoren sind Projektmitglieder, die für die operative Umsetzung der BIM-Ziele über den gesamten Lebenszyklus eines Bauwerks verantwortlich sind (VDI 2552 Blatt 2, S. 4). Sie definieren und koordinieren Aufgaben

und Zuständigkeiten auf Grundlage der BIM-Prozesse und BIM-Anwendungen. Sie sichern die vertraglich vereinbarte Qualität des Datenmodells und den fehlerfreien Datenaustausch. Dazu koordinieren sie die BIM-Autoren bei der Erarbeitung des Datenmodells und leiten die Freigaben durch den BIM-Manager in projektspezifischen Intervallen ein.

BIM – Autor BIM-Autor (Informationsautor) BIM-Autoren erstellen fachbezogene Planungen sowie Informationen und ergänzen in Abstimmung mit dem BIM-Koordinator das BIM-Modell. Der BIM-Autor hat das Urheberrecht der von ihm erstellten Informationen. Ihm obliegt die Datenhoheit der von ihm erstellten Fach- und Teilmodelle (VDI 2552 Blatt 2, S. 3).

BIM – Viewer Der BIM Viewer ist eine „Software zur Betrachtung und teilweise auch Auswertung von Bauwerksmodellen, ohne die Funktionalität dieser zu ändern" (VDI 2552 Blatt 2, S. 1).

BIM – Nutzer (Informationsnutzer) Als BIM-Nutzer wird ein Projektmitglied verstanden, das das Datenmodell ausschließlich zur Informationsgewinnung nutzt und diesem keine Daten oder Informationen hinzufügt (VDI 2552 Blatt 2, S. 4). Ein BIM-Nutzer kann beispielsweise ein Ausführender auf der Baustelle sein, der anhand eines aus dem Modell abgeleiteten Schalungsplans die Schalung erstellt, jedoch keine Daten oder Informationen dem Modell hinzufügt.

5.6   BIM-Cluster in Deutschland

In Deutschland und Europa entstehen seit einigen Jahren Clusterinitiativen BIM-interessierter Gruppen. Diese entstanden, um gemeinsam am Themenfeld des BIM zu arbeiten und die BIM-Methode zunehmend publik zu machen. In den letzten Jahren ist beobachtbar, dass die Politik diese Cluster zunehmend erkannt hat und mit deren Förderung beginnt. Das Wachstum der BIM-Initiativen entwickelte sich somit Bottom-Up, also aus einem Zusammenschluss von Unternehmen und nicht als Folge einer Forderung seitens der Politik. Die starke Vernetzung und zunehmende Bedeutung ist an der gemeinsamen „Erklärung der Bundesdeutschen BIM Cluster zum geplanten BIM Kompetenzzentrum" (BIM Kompetenzzentrum jetzt: BIM Deutschland) und an den mehrfach im Jahr stattfindende Treffen erkennbar (Bundesdeutsche BIM Cluster).

Softwarearten im Bauwesen

6

Im Folgenden wird auf die Einführung einer neuen Software in einem Unternehmen eingegangen. Obwohl BIM an sich keine Software ist, wird die BIM-Einführung von neuer Software begleitet. Diese muss vorher identifiziert, ausgesucht und anschließend im Unternehmen implementiert werden.

6.1 Softwaregattungen

Da es sich beim BIM nicht um eine einzelnen Softwarelösung handelt, muss auf den Datenaustausch zwischen unternehmensinternen und unternehmensexternen Programmen besonderer Wert gelegt werden. Die folgende Liste ermöglicht einen Überblick, in welchen Bereichen Software im Unternehmen eingesetzt werden kann:

- CAD 2D, 3D
- Statik
- AVA
- Kosten- und Ablaufplanung
- Lagerverwaltung
- FiBu
- Enterprise-Ressource-Planning (ERP)
- Projektmanagement (PM)
- Dokumentenmanagement (DMS)
- Vertragsmanagementsysteme
- Revisionsmanagement
- Spezialprogramme: z. B. Handwerkerprogramme/Bausoftware
- Sondersoftware

© Springer Fachmedien Wiesbaden GmbH, ein Teil von Springer Nature 2020
A. J. Spengler und J. Peter, *Die Methode Building Information Modeling,*
essentials, https://doi.org/10.1007/978-3-658-30235-1_6

Die Liste ist nicht abschließend, ermöglicht aber eine erste Einschätzung. In den letzten Jahren sind weitere Softwaregattungen im Bauwesen entstanden, dieses sind unter anderen:

- Gemeinsame Datenumgebungen [Common Data Environments (CDE)]
- BIM Spezialsoftware wie Kollisionsprüfungssoftware (Clash detection)

6.2   Einführung einer neuen Software

Soll eine neue Software im Unternehmen eingeführt werden, werden verschiedene Phasen mit unterschiedlichem Aufwand durchlaufen. Die folgende Abb. (6.1) gibt einen Überblick (Nagel 1990).

Wie in Abb. 6.1 dargestellt, ist der Zeit- und Kostenaufwand bei der Einführung einer neuen Software nicht zu vernachlässigen. Die Kosten dieses Aufwandes können das Vielfache der eigentlichen neuen Software betragen, was ein hohes Risiko für das Unternehmen darstellen kann. Aus diesem Grund wird die Begleitung der Softwareeinführung durch fachkundige Personen begleiten angeraten.

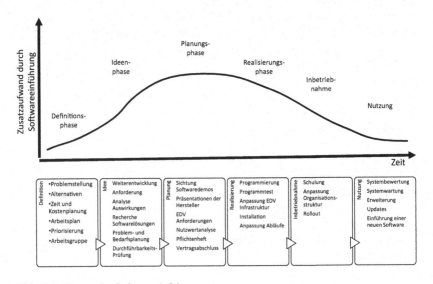

Abb. 6.1 Phasen der Softwareeinführung

SWOT

7

SWOT ist ein Akronym aus den englischen Wörtern Strengths (Stärken), Weaknesses (Schwächen), Opportunities (Chancen) und Threats (Risiken). Um ein besseres Verständnis von BIM zu bekommen, wird dieses nachfolgend aus diesen vier Perspektiven betrachtet. Dabei handelt es sich nicht um eine Aufzählung aus baubetrieblicher Sichtweise, diese muss individuell angepasst werden.

7.1 Stärken

Alle Stärken können in der Praxis mittels unterschiedlicher Grade realisiert werden.

Die Stärken wurden nach folgendem Schema gegliedert:

- Stärken über den gesamten Lebenszyklus einer Immobilie
- Stärken im Planungsprozess
- Stärken in der Bauausführung
- Stärken im Gebäudebetrieb

Stärken über den gesamten Lebenszyklus einer Immobilie

- Durch BIM wird eine Effizienzsteigerung durch interdisziplinäre Kooperation und gemeinschaftliche Zusammenarbeit geschaffen. Jedem Projektbeteiligten ist der direkte Bezug relevanter Informationen aus dem Common Data Environment möglich. Die Weitergabe und der Austausch des Bauwerks- modells unter den Projektbeteiligten hat den Vorteil, dass grundlegende

© Springer Fachmedien Wiesbaden GmbH, ein Teil von Springer Nature 2020
A. J. Spengler und J. Peter, *Die Methode Building Information Modeling,*
essentials, https://doi.org/10.1007/978-3-658-30235-1_7

Informationen nicht erneut bearbeitet werden müssen, um Pläne oder separate Bauwerksmodelle zu erstellen (Schrammel und Wilhelm 2016, S. 5).

- Mithilfe der BIM-Methode kann eine ganzheitliche Betrachtung des Lebens-zyklus des Gebäudes durchgeführt werden. In der Planung können mithilfe der hinterlegten Informationen im Bauwerksmodell Lebenszykluskosten betrachtet werden (Schrammel und Wilhelm 2016, S. 5).
- Allgemein lässt sich mit BIM eine höhere Transparenz schaffen. Bauherren oder Nutzer können beispielsweise durch Visualisierungen Bauabläufe besser verstehen oder sich für Planungsvarianten entscheiden (Schrammel und Wilhelm 2016, S. 5).
- Die Bürgerbeteiligung ist hauptsächlich bei Infrastrukturprojekten von besonderer Bedeutung. Simulationen und Visualisierungen mithilfe des Bau-werksmodells ermöglichen es, den Bürger besser und einfach verständlich über bevorstehende Bauprojekte zu informieren. Dadurch werden die Projekt-akzeptanz erhöht und Bürgerprotesten vorgebeugt (Bundesministerium für Verkehr und digitale Infrastruktur 2015, S. 7).
- BIM ermöglicht eine höhere Kosten- und Terminsicherheit.
  - Durch BIM ist die Erstellung genauerer/schnellerer Mengenermittlungen und präziserer/schnellerer Leistungsbeschreibungen möglich. Dies führt zur Vermeidung von Nachträgen.
  - Termine können aus dem Modell abgeleitet werden und werden mit diesem verknüpft. Ändert sich das Modell, wird in der Terminplanung darauf hin-gewiesen oder werden Termine angepasst.
  - Durch Kollisionsprüfungen können Fehler vermieden und somit Kosten gespart werden (Schrammel und Wilhelm 2016, S. 5).
- Durch BIM können verbesserte Kommunikationsprozesse stattfinden.
  - optimierte Schnittstellenkoordination.
  - Echtzeit-Verfügbarkeit aller relevanten Daten für alle Projektbeteiligte (Schrammel und Wilhelm 2016, S. 5).
  - Allgemeine Standardisierung, wie zum Beispiel durch Muster-Leistungs-verzeichnisse und Objekt-Kataloge, führt zu verbesserten Kommunika-tionsprozessen (Bundesministerium für Verkehr und digitale Infrastruktur 2015, S. 88).
- Grundsätzlich wird durch die BIM-Methode eine Erhöhung der Computerunter-stützung geschaffen, womit der Digitalisierungsgrad steigt. Dies ebnet den Weg für zukünftige, technische, digitale Weiterentwicklungen im Bausektor.
- BIM erzielt ein konsistentes Datenmanagement (Borrmann et al. 2015, S. 3).

Stärken im Planungsprozess

• Kollisionskontrollen (Clash-Detection) zwischen fachbezogenen Teilmodellen
  sind sinnvoll. Dadurch können Konflikte frühzeitig erkannt und anschließend
  beseitigt oder gelöst werden (Borrmann et al. 2015, S. 5).
• Informationen, wie zum Beispiel die Gebäudegeometrie, können an
  Berechnungs- und Simulationsprogramme übergeben werden. Diese werden
  zum Beispiel für statische oder bauphysikalische Nachweise gebraucht. Die
  Übergabe bedeutet eine enorme Zeitersparnis. Hier sind die Softwarehersteller
  dabei, ihre Programme anzupassen (Borrmann et al. 2015, S. 5).
• Durch den hohen Informationsgehalt kann „die Einhaltung von gesetzlichen Vorschriften, Normen und Richtlinien" zum Teil am 3D-Modell überprüft werden. Hier lässt sich allerdings diskutieren, ob dies eine Stärke oder
  Schwäche darstellt (Borrmann et al. 2015, S. 5).

Stärken in der Bauausführung

• Das digitale Bauwerksmodell ermöglicht eine schnellere Aufwandsermittlung
  für Angebote durch Bauunternehmen und eine genaue Abrechnung (Borrmann
  et al. 2015, S. 6–7).
• Der Bauablauf kann mithilfe des Bauwerkmodells simuliert werden, wodurch
  Bauablaufstörungen rechtzeitig erkannt werden.

Stärken im Gebäudebetrieb

• Der Bauherr kann das digitale Gebäudemodell direkt für das Facility
  Management verwenden, indem er beispielsweise Informationen zu
  Raumgrößen, Elektro- und Haustechnikanschlüssen übernimmt. Jedoch muss
  sichergestellt werden, dass die FM-Software dieses unterstützt (Borrmann
  et al. 2015, S. 7).
• BIM ermöglicht ein hohes Kostensenkungspotenzial in der Nutzungsphase,
  was besonders relevant ist, da in dieser Phase die Kosten durchschnitt-
  lich sehr viel höher ausfallen. Mithilfe des Bauwerksmodells können in der
  Zukunft liegende Instandhaltungs- und Betriebskosten mit den Planungs- und
  Baukosten verglichen und unterschiedliche Szenarien simuliert werden, um
  so eine Optimierung der Kosten über dem Lebenszyklus der Immobilie zu
  gewährleisten (Bundesministerium für Verkehr und digitale Infrastruktur 2015,
  S. 7).

7.2   Schwächen

Neben den Stärken von BIM existieren ebenso Schwächen. Diese werden mithilfe der nachfolgenden Kategorien aufgezählt:

• Organisatorische Herausforderungen
• Örtliche Gegebenheiten/Randbedingungen
• Technische Probleme
• Finanzielle Herausforderungen
• Akzeptanzprobleme
• Juristische Schwierigkeiten

Organisatorische Herausforderungen

• Die Einhaltung der kontinuierlichen Pflege bedarf des Aufwands und somit der Kosten (Borrmann et al. 2015, S. 7).
• Schwierigkeiten bei der Organisation von Projekten (Albrecht 2015, S. 33):
  – Komplikationen durch unterschiedliche Verträge zwischen den Projektbeteiligten (VOB-Vertrag, BGB-Werkvertrag, Architektenvertrag),
  – Schwierigkeiten durch unterschiedliche Abwicklungen der Bauwerke (EP-Vertrag, Pauschalvertrag, PPT…),
  – Regelmäßig wechselnde Projektbeteiligte in Planung und Ausführung, somit auch ständig abweichende Geschäftsprozesse in den jeweiligen Unternehmen, die berücksichtigt werden müssen,
  – Kontinuierliche Pflege und Weiterentwicklung des Gebäudemodells muss über alle Projektphasen gewährleistet sein.
• Die Honorarordnung für Architekten und Ingenieure (HOAI) macht eine frühzeitige Erstellung eines umfassenden digitalen Gebäudemodells durch ihre Unterteilung in Leistungsphasen und die daraus resultierende Vergütung derzeit nicht attraktiv. Die Teilleistungen werden zum Teil früher erbracht, was vertraglich vereinbart werden muss. Der aktuelle Stand ist, dass ggf. Leistungsphasen vorgezogen werden (Borrmann et al. 2015, S. 17).
• Eine detaillierte, frühzeitige Festlegung von Arbeitsabläufen und Verantwortlichkeiten ist in einem BIM-Projekt dringend notwendig. Besonders beim digitalen Austausch müssen Qualität, Inhalt, Format und Zeitpunkt im Vorfeld festgelegt sein (Borrmann et al. 2015, S. 17).
• Es kann zu einer Zeit- und Kostenunterschätzung kommen.

- Die Kompetenzen von Angestellten für eine Umstellung der Arbeitsweise können durch die Führungsebene falsch eingeschätzt werden.
- Die Einführung von BIM ist Chef- und nicht Angestelltensache. Wenn die Unternehmensführung nicht gewillt ist, eine neue Methode einzuführen, können dies die Mitarbeiter nur in sehr geringem Umfang bewerkstelligen.
- Eine Umstellung während des normalen Alltagsbetriebes kann zu Problemen führen.
- Gefahr der fehlenden Bereitschaft der Arbeitnehmer für eine Umstellung der Arbeitsweise.
- Durch fehlendes BIM-Fachwissen wird eine unwirtschaftliche BIM-Arbeitsweise eingeführt.

Örtliche Gegebenheiten/Randbedingungen

- Jedes Bauprojekt besitzt unterschiedliche Randbedingungen sowie orts- und zeitbezogene Gegebenheiten. Dazu zählen z. B. Wetterlagen, die Untergrundbeschaffenheit, ständig wechselnde Projektbeteiligte etc. Eine Baustelle kann nicht mit dem hohen Fertigungsfluss der Autoindustrie verglichen werden. Zwar wird dies mittels Fertigteilverwendung versucht, jedoch fehlen hierfür Planungswerkzeuge, um die Logistikströme zu simulieren und z. B. eine „Just in Time"-Lieferung zu gewährleisten. Hier ist noch viel Entwicklungs- und Normungsarbeit zu leisten, ein Umdenken der am Bau beteiligten Akteure ist dabei zwingend notwendig (Albrecht 2015, S. 32).

Technische Probleme

- Ein BIM-basiertes Projekt setzt Soft- und Hardwarevoraussetzungen für alle Beteiligten voraus.
- Der Austausch von BIM-Daten der Projektbeteiligten, welche unterschiedliche Software verwenden, geht meist mit Komplikationen einher. Daher wird eine Standardisierung des Austauschformats versucht. Es ist zu prüfen, ob und welche Informationen beim Export verloren gehen. Dies muss nicht unbedingt sofort ersichtlich sein, sondern tritt erst bei der Weiterverwendung der Daten zutage. Hier sind der BIM-Manager und Koordinator besonders gefordert. Weiterführende Informationen siehe Kapitel IFC (Albrecht 2015, S. 33).
- Technische Herausforderungen (Albrecht 2015, S. 34):
  - Soft- und Hardware sollte immer auf dem aktuellsten Stand sein.
  - Es gibt viele verschiedene Softwareprodukte. Eine für sein Vorhaben passende Auswahl fällt schwer.

- Es muss eine zentrale Datenspeicherung, -sicherung und -verwaltung aufgrund des hohen Datenvolumens gewährleistet werden.
- Der Datenaustausch zwischen den Projektbeteiligten muss trotz unterschiedlicher Software verlustfrei funktionieren.
- Es muss ein Common Data Environment (CDE) geschaffen werden, auf dem projektbezogene, relevante Informationen hochgeladen, ausgetauscht, zugeordnet und gefunden werden können.
- Eine Verwaltung von Zugriffsrechten und eine IT-Betreuung ist notwendig (bei der konventionellen Methode i. d. R. nicht).

Finanzielle Herausforderungen

- Investitionskosten und laufende Kosten durch Soft- und Hardware (Albrecht 2015, S. 34):
  - Hohe zusätzliche Investitionskosten für die Anschaffung der Soft- und Hardware.
  - Es entstehen laufende Kosten durch die IT-Betreuung sowie durch die Administration und die Zugriffsverwaltung des zentralen Servers.
  - Kosten entstehen auch durch die Weiter- und Ausbildung von Angestellten. Diese können die Kosten der Soft- und Hardware bei weitem übersteigen, insbesondere wenn der Produktivitätsausfall mitberücksichtigt wird.
  - Veränderung bestehender Geschäftsprozesse und innerbetrieblicher Organisationen verursacht Kosten.
- Die BIM-Methode unterscheidet sich von der traditionellen Arbeitsweise. Es ist ein Umdenken aller Beteiligter notwendig (Changemanagement). Alle Mitarbeiter müssen neue Skills erlernen. Alle sind betroffen und ein unkooperativer Mitarbeiter kann den ganzen Prozess empfindlich stören.
- Eine große Hürde, vor allem für kleine bis mittelständige Fachplanerbüros (Albrecht 2015, S. 35):
  - Für kleine bis mittelständige Büros ist die Bildung kleiner Teams schwieriger, die ausschließlich für die Einführung der BIM-Methode zuständig sind, um dann das Wissen in das Unternehmen zu tragen.
  - Neben dem normalen Tagesgeschäft muss sich in die BIM-Methodik eingearbeitet werden.
  - Neue Normen und Richtlinien sind relevant. Ihre Anzahl steigt kontinuierlich.
  - Es besteht die Gefahr, sich für falsche Softwaretools zu entscheiden. Preiswerte Tools haben häufig nicht den Funktionsumfang, teure Tools sind oft komplex und Zusatzfunktionen müssen zugekauft werden.

- Kleinere Fachplaner verfügen nicht über das Projektvolumen, um BIM kostenneutral einführen zu können. Dabei existiert die Gefahr der Kosten- unterschätzung.
• Auch besteht die Gefahr, dass die Hardware von heute relativ schnell bei neuen Softwareversionen nicht mehr ausreicht. Die Kosten der Hardware korrelieren mit den Vorstellungen des AGs. Wenn der AG z. B. 3D-Visualisierung ausschreibt, reichen „normale" CAD-fähige PCs nicht mehr aus (Albrecht 2015, S. 42).

Akzeptanzprobleme

• Nutzer- und Akzeptanzprobleme (Albrecht 2015, S. 34):
  - „unterschiedliche Arbeitsweisen der Projektbeteiligten".
  - Die Akzeptanz zur Einführung einer neuen Arbeitsweise ist sehr ver- schieden.
  - Die Umstellungsphase der konventionellen Methode auf die BIM-basierte Methode und die einhergehende Softwarelernphase kann langwierig sein.
  - Mitarbeiter müssen partizipieren.
  - Der Mitarbeiter kann sich nicht mehr auf das gelernte Wissen verlassen, er wird dazu gedrängt, sich mit Neuem auseinanderzusetzen.
  - Hohe Unsicherheit bzgl. des „richtigen" BIM-Wissens.
  - Begriffe sind nicht eindeutig geprägt.
  - Eventuell Schwierigkeiten bei der Ersteinführung von BIM.
  - Die Anforderungen an die Benutzer der BIM-Software sind hoch.
• Zwischen den älteren und jüngeren Generationen bestehen Unterschiede in der Akzeptanz, die Arbeitsweise umzustellen.
• Die Variationen der Ausbildung der Projektbeteiligten und deren Arbeitsfeld (wie z. B. Recht, Bauwesen, Finanzierung, Genehmigung…) sind sehr ver- schieden, sodass jeder Projektbeteiligte unterschiedliche Herangehensweisen und Arbeitsweisen in seinem Themenfeld zeigt (Albrecht 2015, S. 33).
• Nur wenn eine Aufgeschlossenheit für die neue BIM-basierte Projektdurch- führung gegeben ist, kann die Methode die Projektbeteiligten miteinander ver- binden (Albrecht 2015, S. 33).
• Es ist nicht ersichtlich, wie sich die vorangegangenen Felder in Zukunft ver- ändern werden. Was sicher ist: Etwas wird sich verändern.

Juristische Schwierigkeiten

- Durch den hohen Informationsgehalt kann „die Einhaltung von gesetzlichen Vorschriften, Normen und Richtlinien" zum Teil am 3D-Modell überprüft werden. Hier lässt sich diskutieren, ob dies eine Stärke oder Schwäche darstellt (Borrmann et al. 2015, S. 5).
- Allgemein (Albrecht 2015, S. 34):
  - Die „Vertragsgestaltung, vor allem im öffentlichen Bereich", ist nicht ausgereift.
  - „Rechtsverbindlichkeiten der virtuell hinterlegten Informationen" müssen eindeutig sein.
  - „Sicherheit der Daten und Geschäftsgeheimnisse der Anwender" muss geklärt sein.
  - BIM ist noch nicht datenschutzkonform (Datenschutzgrundverordnung).
- Es ist notwendig, dass BIM-Leistungen in die HOAI aufgenommen werden. Siehe hierzu das Kapitel HOAI (Egger et al. 2013, S. 86).
- „Jedwede Verwendung eines Modellelements, oder jedwedes Vertrauen auf ein Modellelement, welches nicht dem FG nach 4.3 entspricht oder inkonsistent ist, durch einen weiteren Modellelementautoren oder einen Modellnutzer, geschieht allein auf dessen Risiko und ohne Gewährleistung des betreffenden Autors. Die weiteren Autoren und die Modellnutzer werden den Modellelementautor, in vollem gesetzlich zur Verfügung stehenden Umfang vor Ansprüchen Dritter schützen und schadlos halten, soweit diese aus nicht zugelassener Nutzung oder Modifikation der Beiträge des Autors resultieren" (Albrecht 2015, S. 124).

7.3   Chancen

Nachfolgend werden einige Chancen aufgezählt.

- Die Unternehmen, die die BIM-Methode anbieten, können sich auch für diese voraussetzenden Aufträge bewerben.
- Die Digitalisierung der Baubranche bildet die Grundlage für zukünftige Technologien, wie z. B. KI im Bauwesen.
- Durch die BIM-Methode werden Prozesse teilautomatisiert. Dadurch kann es zu einer Zeit- und Kostenersparnis kommen.

- „BIM ist eine Herausforderung für die deutsche Bauwirtschaft, aber auch eine große Chance, die gewachsenen kleinteiligen Strukturen zu vernetzen und damit langfristig zu optimieren" (Egger et al. 2013, S. 4).
- Sehr wahrscheinlich wird es in naher Zukunft einen „digitalen Bauantrag" (siehe Abschn. 3.4) geben. Dieser wird früher oder später BIM-basiert sein.
- Alle Unternehmen, die zur Einführung bereits mit der neuen Methode arbeiten, besitzen einen Wettbewerbsvorteil.

7.4 Risiken

- Derzeit kann nicht genau eingeschätzt werden, wo die Reise der BIM-Methodik hingeht. Deswegen besteht bei allen strategischen Entscheidungen ein erhöhtes Zukunftsrisiko und eine Gefahr von Fehleinschätzungen.
- Auch besteht die Gefahr für Unternehmen, die keine BIM-Erfahrung gesammelt haben, mit anderen BIM-versierten Unternehmen nicht mithalten zu können und keine BIM-konformen Bauwerksmodelle zu liefern.
- Fehlende Ausschreibungsstandards (Endbericht Reformkommission Bau von Großprojekten 2015, S. 88; Schrammel und Wilhelm 2016, S. 6).
- Gefahr, dass Großunternehmen kleinere Akteure vom Markt verdrängen.

Wie neue Technologien BIM beeinflussen können

8.1 Blockchain

Die Blockchain-Technologie drängt sich immer weiter in den Fokus, wenn es um den Begriff Digitalisierung geht. Dabei handelt es sich um eine Art dezentrale Datenbank oder Register von Transaktionen in einem verteilten Netzwerk. Mit Hilfe von kryptografischen Verfahren werden Transaktionen verarbeitet, verifiziert und unveränderlich in sogenannten Blöcken aufgezeichnet, ohne dabei auf eine zentrale Instanz angewiesen zu sein. Eine Transaktion kann dabei Kryptowährung, Datensätze, verschiedene Informationen sowie Smart Contracts, also digitale Verträge, enthalten. Smart Contracts unterscheiden sich dahingehend, dass sie wie eine Art Computerprogramm geschrieben sind. Sie führen sich automatisch aus, sobald die vertraglich festgelegten Konditionen erfüllt werden. So können Verträge vertrauensvoll und unveränderlich ohne dritte Instanz ausgeführt werden.

Hierbei stellt sich die Frage, wie die Blockchain-Technologie in der Zukunft in der Bau- und Immobilienwirtschaft eingesetzt werden kann. Die hier aufgeführten Anwendungsfelder versprechen zum aktuellen Zeitpunkt Potenzial für den praktischen Einsatz. Die Blockchain-Technologie könnte im Bereich Building Information Modeling (BIM) durch die kontinuierliche Aufzeichnung von Daten dazu genutzt werden, Veränderungen in einem Projekt oder an einem Modell zu dokumentieren und damit nachvollziehbar zu machen. In der Planungs- und Ausführungsphase bestünde mittels Smart Contracts außerdem die Möglichkeit, Abrechnungsprozesse von Planungs- und Bauleistungen zu beschleunigen. In der Bauausführung kann die Blockchain-Technologie in der Lieferkette der Baustoffe und -teile ebenfalls von großem Nutzen sein, denn es wäre möglich, die Lieferkette mit dem BIM-Model zu verknüpfen. Durch die

© Springer Fachmedien Wiesbaden GmbH, ein Teil von Springer Nature 2020
A. J. Spengler und J. Peter, *Die Methode Building Information Modeling*,
essentials, https://doi.org/10.1007/978-3-658-30235-1_8

Anwendung von Smart Contracts könnten viele administrative Prozesse in der Baulogistik vereinfacht werden.

Ein weiterer großer Bereich für die Anwendung der Blockchain-Technologie ist das Grundbuch. Mittels Smart Contracts können Kauf- oder Verkaufsprozesse automatisiert und beschleunigt werden. Das digitale Grundbuch könnte weiter-führend mit digitalen Bauanträgen verknüpft werden. Diese greifen auf Grund-stückgrenzen zu, welche mittels GPS-Daten ebenfalls digital hinterlegt werden. Als letzte Bereiche sind das Mietermanagement und die Finanzierung von Immobilien aufzuführen. Hier ist die Blockchain-Technologie im Zusammen-hang mit dem Initial Coin Offering (ICO) im Bereich Finanzierung von Immobilien erwähnenswert. Das ICO beschreibt eine unregulierte Methode des Crowdfunding mit Hilfe von Kryptowährung. Außerdem ist es im Mieter-management möglich, den administrativen Aufwand in der Vertragsabwicklung mittels Smart Contracts durch automatisierte Prozesse zu verringern. Auch die Beauftragung von Wartungs- und Reparaturarbeiten kann durch Smart Contracts durchgeführt werden. Damit wird auch im Bereich Facility Management die Automatisierung vorangetrieben (Peter et al. 2019).

8.2   Smarte Komponenten

Smart Home Ein kontinuierlicher Austausch von Daten und die Vernetzung sind wesentliche Merkmale der heutigen Gesellschaft und der zunehmenden Digitalisierung. Wohnimmobilien werden zunehmend mit einer intelligent ver-netzten Gebäudetechnik ausgestattet, dem sogenannten Smart Home. Damit wird den Nutzern ein erhöhter Wohnkomfort geboten und außerdem leistet die intelligent vernetzte Technik einen Beitrag zur Nachhaltigkeit und Wirtschaft-lichkeit der Immobilie (Hirschner et al. 2018, S. 143). Diese zunehmende Digitalisierung und Technisierung einer Immobilie bzw. eines Gebäudes hat sowohl Auswirkungen auf dessen Planungs- und Realisierungsphase, aber auch und insbesondere auf die Betriebsphase. „Die Einrichtung eines Smart Home verändert das Service- und Wartungsmanagement im Betrieb." Es ist mög-lich Betriebszustände zu melden, defekte Komponenten zu visualisieren und Wartungen oder Diagnosen für Reparaturen aus der Ferne vorzunehmen. Durch die zentrale Hinterlegung von Produktbezeichnungen und Herstellerangaben kann bereits im Vorfeld der Schadensfall eingeschätzt und können gegebenenfalls Ersatzkomponenten bereitgestellt werden (Hirschner et al. 2018, S. 145).

Smart Home und BIM Das durch die BIM-Methode erstelle Gebäudemodell kann mit dem Smart Home verknüpft werden. Die in der Planungs-, Realisierungs- und insbesondere der Betriebsphase generierten Daten könnten effizient für das Bauen im Bestand genutzt werden. Zudem könnten die hinterlegten Daten als Grundlage für die smarten Dienstleistungen dienen (König und Feustel 2017, S. 23). Insbesondere aus Sicht der energetischen Betriebsführung und der Gebäudeautomation ist die Weiterführung und Übertragung der BIM-Methode in die Betriebs- und Nutzungsphase vorteilhaft (van Treeck et al. 2016, S. 56). Für die Verknüpfung mit BIM sind allerdings einheitliche Klassifikationen und Standards für die Funktionsbeschreibungen technischer Anlagen notwendig. Diese sind vorerst noch zu entwickeln und könnten mit einem erheblichen planerischen Mehraufwand verbunden sein (van Treeck et al. 2016, S. 56).

8.3   IoT, KI und Robotik

Das BIM-Modell kann als Datengrundlage für das Internet der Dinge (Internet of Things) oder für die Methoden des maschinellen Lernens fungieren. Durch das Modell können weitere Daten in einen neuen Zusammenhang gebracht und Informationen, die bisher aufwendig modelliert werden mussten, bei der Planung mitgeneriert werden. IoT Komponenten können im BIM-Modell positioniert und mit anderen Komponenten verbunden werden.

Algorithmen der Künstlichen Intelligenz (KI) können das Bauwesen unterstützen. Hierbei sind unter KI-Softwarealgorithmen zu verstehen, die automatisiert lernen und handeln und den Eindruck „intelligenten" Verhaltens vermitteln. Der Begriff „Intelligenz" in der KI ist auf keinen Fall mit menschlicher Intelligenz zu verwechseln und soll und kann diese auch nicht ersetzen! Aktuell wird in diesem Themenfeld, auch im Bauwesen, geforscht. BIM-Modelle können die Bezüge für KI-Daten herstellen oder der KI bei der Erstellung der Modelle und der Qualitätssicherung helfen.

Die BIM-Modelle können ebenfalls als Datengrundlage für den Robotereinsatz im Bauwesen dienen. Im „vor-BIM-Zeitalter" mussten viele für den Robotereinsatz wichtige Daten händisch ergänzt oder komplett neu erstellt werden. Durch BIM könnten diese Informationen bereits im Modell durch die Fachplaner integriert bzw. für den Robotereinsatz notwendige Informationen aus den vorhandene BIM Daten abgeleitet werden.

Schlussbetrachtung 9

In den vorangegangenen Kapiteln wurde verdeutlicht, dass BIM das Bauen und Betreiben stark verändert. Sie zeigen ebenfalls, dass sich BIM selbst in einer stetigen Veränderung befindet. Das eigene Wissen und die Kenntnisse über die BIM-Methode kann schon morgen veraltet sein.

Dieses Buch zeigt, dass die Anstrengungen eine solide Grundlage zur Verwendung der BIM-Methode im Bauwesen zu etablieren weit fortgeschritten ist. Zum schnellen und praktischen Einstieg in das Thema wäre es wünschenswert, wenn Muster-BIM-Modelle und -Daten frei verfügbar wären, einerseits um die Schwellenangst aller Beteiligten herabzusetzen und zum anderen als Beispiel, wie BIM umgesetzt werden kann. Diese freien Daten fehlen bisher. Jeder muss daher eine eigene Wissensbasis durch Erfahrungen aufbauen.

Technologisch stehen alle Grundlagen bereit, nur die Entwicklung von Standards ist noch nicht abgeschlossen. Allein bei der Schlussredaktion dieses Buches wurden Teile der britischen PAS 1192 von der europäischen DIN EN ISO 19650 vom einen auf den anderen Tag abgelöst und neue Arbeitsgruppen auf CEN-Ebene zum Themenfeld des CDE ins Leben gerufen. BIM ist schnell, in allen Bereichen. Dies trifft die Baubrache schwer, so denkt diese eher in Jahrzehnten als Jahren. Die Ursprünge vieler vertraut gewordener Normen, Richtlinien und Gesetze sind mehr als hundert Jahre alt und werden nun infrage gestellt.

Trotz aller Ängste und benötigtem Mut sowie Risikobereitschaft ist BIM eine der größten Chancen, die die Baubranche je hatte. Das Bauwesen wird mit aller Kraft in das 21. Jahrhundert gedrängt mit allen guten und schlechten Aspekten. Viele Unternehmen und die öffentliche Hand verweigern sich diesem Wandel noch, dies oft mit einem Verweis auf Überlastung (im Unternehmensumfeld nicht selten durch volle Auftragsbücher) und nicht genügend Fachkräfte. Doch

© Springer Fachmedien Wiesbaden GmbH, ein Teil von Springer Nature 2020
A. J. Spengler und J. Peter, *Die Methode Building Information Modeling,*
essentials, https://doi.org/10.1007/978-3-658-30235-1_9

setzt BIM nicht genau dort an? Soll sich ein Unternehmen exakt dann mit neuen Technologien befassen, wenn es das Geld dazu hat beziehungsweise der Markt einen Aufschwung erfährt?

Smarte Komponenten, Blockchain, IoT, KI und Robotik sind nicht nur furchteinflößende Gewitterwolken (richtig angewendet sind sie das gar nicht) am Horizont, sie sind ebenfalls Vorboten einer neuen Zeit. Sie können die Lösung gegen den Fachkräftemangel, für höhere Qualitäten, schnellere Bauausführung, geringeren Krankenstand oder besseren Service sein. Sie ermöglichen, dass weniger gut ausgebildete Menschen komplexe Aufgaben übernehmen können und ermöglichen neue Geschäftsfelder.

Die Autoren laden Sie herzlich ein, uns Ihre Anregungen und Kommentare schriftlich mitzuteilen oder mit uns über das Themenfeld des BIM zu diskutieren. Wir freuen uns über jede E-Mail.

Die Autoren möchten allen danken, die in den vergangenen Monaten mit uns über dieses Buch diskutiert haben. Unsere Anerkennung gilt allen Frauen und Männern, die (überwiegend ehrenamtlich) BIM-Pionier- und Grundlagenarbeit leisten. Ohne sie wäre die Digitalisierung des Bauwesens nicht möglich.

Was Sie aus diesem *essential* mitnehmen können

- BIM ist eine Methodik, deswegen gibt es auch nicht die „eine" BIM-Software.
- BIM besitzt viele Begriffe, oft werden diese synonym verwendet.
- Es gibt eine zunehmende Anzahl an Normen und Richtlinien rund um das Themenfeld BIM.
- Die VDI 2552 und der DIN EN ISO 19650 haben verschiedene Sichtweisen auf das Themenfeld BIM.
- Die Einführung von BIM im Unternehmen muss geplant werden. Wie jede Etablierung neuer Technologien und Arbeitsweisen durchläuft die BIM-Etablierung im Unternehmen mehrere Phasen.
- Auch beim BIM ist der Datenschutz mit zu berücksichtigen.
- BIM hat Stärken, Schwächen, Chancen und Risiken. Diese kommen aus dem Unternehmen (interne Stärken und Schwächen) und von außen (externe Chancen und Risiken).
- BIM stellt die Grundlagen für weitere Technologien bereit.

© Springer Fachmedien Wiesbaden GmbH, ein Teil von Springer Nature 2020   57
A. J. Spengler und J. Peter, *Die Methode Building Information Modeling,*
essentials, https://doi.org/10.1007/978-3-658-30235-1

Zum Weiterlesen

Musterhandreichungen zu AIAs, BAPs und BIM Anwendungsfällen
https://bim4infra.de/handreichungen/

Weitere Beispiele für BIM-Anwendungsfälle
https://www.tmb.kit.edu/download/Katalog_der_BIM-Anwendungsfaelle.pdf

BIM-Handlungsempfehlungen
Handlungsempfehlungen resultierend aus den BMVI Pilotprojekten: https://www.
bmvi.de/SharedDocs/DE/Anlage/DG/wissenschaftliche-begleitung-anwendung-
bim-infrastrukturbau-2018.pdf

Datenschutz
Besonders interessant im Bezug auf Datenschutz sind die frei zugänglichen
Publikationen des BSI: https://www.bsi.bund.de/DE/Publikationen/Broschueren/
broschueren_node.html

Weitere Literatur

- DIN EN ISO 19650 Teil 1 und 2
- BIM EU Handbuch für die Einführung von Building Information Modelling
  (BIM) durch den europäischen öffentlichen Sektor http://www.eubim.eu/
  handbook/
- Stufenplan digitales Planen und Bauen Bundesministerium für Verkehr und
  digitale Infrastruktur

© Springer Fachmedien Wiesbaden GmbH, ein Teil von Springer Nature 2020   59
A. J. Spengler und J. Peter, *Die Methode Building Information Modeling,*
essentials, https://doi.org/10.1007/978-3-658-30235-1

- Borrmann, André; König, Markus; Koch, Christian Building Information Modeling Technologische Grundlagen und industrielle Praxis 2015
- DIN SPEC 91391-1:2019-04
- BIM IM HOCHBAU Technisches Positionspapier der Arbeitsgruppe Hochbau im Arbeitskreis Digitalisiertes Bauen im Hauptverband der deutschen Bauindustrie E. V. 2019

Literatur

Albrecht M (2015) Building Information Modeling (BIM) in der Planung von Bau-leistungen. Disserta Verlag, Hamburg

Architektenkammer NRW (AKNW) (2016) Building Information Modeling (BIM). Archi-tektenkammer NRW. London, Routledge

Bauen Digital Schweiz, building Smart Switzerland. Bauen digital Schweiz. Swiss BIM LOIN-Definition (LOD): Informationsanforderung und deren umsetzung in den unter-schiedlichen Detaillierungsstufen.

Bodden JL, Elixmann R, Eschenbruch K (2017) BIM-Leistungsbilder. Kapellmann, Hamburg

Borrmann A, König M, Koch C (2015) Building Information Modeling: Technologische Grundlagen und industrielle Praxis. Springer Vieweg, Wiesbaden

British Standards Institution (BSI) (2007) Collaborative production of architectural, engineering and construction information. British Standards Institution, London

Bundesarchitektenkammer (BAK) (2017) BIM für Architekten. Bundesarchitektenkammer, Berlin

Bundesdeutsche BIM Cluster. Erklärung der Deutschen BIM Cluster zur Einrichtung eines BIM Kompetenz-Zentrums. https://www.innovation-ausbau.de/wp-content/uploads/2017/10/170929_BIM-Cluster_Erklaerung.pdf

Deutsches Institut für Normung e. V. Normungsarbeit: Teil 1: Grundsätze

Deutsches Institut für Normung e. V. (2019) Wie eine DIN SPEC entsteht. https://www.din.de/de/forschung-und-innovation/din-spec/wie-eine-din-spec-entsteht-63574

Deutsches Institut für Normung e. V. (2016) DIN EN 45020: Normung und damit zusammenhängende Tätigkeiten: Teil 1: Allgemeine Begriffe. Beuth, Berlin

Deutsches Institut für Normung e. V. (2018) DIN SPEC 91391: Gemeinsame Daten-umgebungen (CDE) für BIM Projekte. Beuth, Berlin. www.din.de

DIN Deutsches Institut für Normung e. V. (2017) DIN SPEC 91400: Building Information Modeling (BIM) – Klassifikation nach STLB-Bau. Beuth, Berlin. www.din.de. Zugegriffen: Februar 2017

DIN Deutsches Institut für Normung e. V. (2018) DIN EN ISO 19650-1: Organisation von Daten zu Bauwerken – Informationsmanagement mit BIM – Teil 1: Konzepte und Grundsätze. Beuth, Berlin. www.din.de

© Springer Fachmedien Wiesbaden GmbH, ein Teil von Springer Nature 2020   61
A. J. Spengler und J. Peter, *Die Methode Building Information Modeling*,
essentials, https://doi.org/10.1007/978-3-658-30235-1

Egger M, Hausknecht K, Liebich T, Przybylo J (2013) BIM-Leitfaden für Deutschland – Information und Ratgeber. Bundesinstitut für Bau-, Stadt- und Raumforschung (BBSR), Bonn

Eschenbruch und Leupertz (2019) BIM und Recht: Grundlagen für die Digitalisierung im Bauwesen. Werner, Bielefeld

EU BIM Taskgroup (2018) BIM EU Handbuch: Handbuch für die Einführung von Building Information Modelling (BIM) durch den europäischen öffentlichen Sektor. Strategische Maßnahmen zur Verbesserung der Leistung des Bauwesens:Wert schöpfen, Innovationen vorantreiben und Wachstum steigern. http://www.eubim.eu/handbook/

Hirschner J, Hahr H, Kleinschrot K (2018) Facility Management im Hochbau: Grundlagen für Studium und Praxis, 2. Aufl. Springer Vieweg, Wiesbaden

Nagel K (1990) Nutzen der Informationsverarbeitung: Methoden zur Bewertung von strategischen Wettbewerbsvorteilen, Produktivitätsverbesserungen und Kosteneinsparungen, 2. Aufl. Oldenbourg, München

Peter J, Pfeil A, Ehmke C, Weßling F, Malkwitz A, Gruhn V (2019) Blockchain: The next BIM. Build-Ing 2:50–53

Planen und Bauen 4.0 (2018) BIM-basierter Bauantrag gefördert durch die Forschungsinitiativ. https://planen-bauen40.de/bim-bauantrag/

Schrammel F, Wilhelm E (2016) Rechtliche Aspekte im Building Information Modeling (BIM): Schnelleinstieg für Architekten und Bauingenieure. Springer Vieweg, Wiesbaden

van Treeck C, Elixmann R, Rudat K, Hiller, S, Herkel S, Berger M (2016) Gebäude.Technik.Digital: Building Information Modeling. Springer Vieweg, Berlin

VDI-Gesellschaft Bauen und Gebäudetechnik (2018) VDI 2552: Building Information Modeling Begriffe. Beuth, Berlin. http://www.vdi.de/

Printed in the United States
by Baker & Taylor

Printed in the United States
By Bookmasters